森林土木学

第2版

鈴木保志

［編］

朝倉書店

編集者

鈴木保志　高知大学農林海洋科学部

執筆者

有賀一広　宇都宮大学農学部

岩岡正博　東京農工大学大学院農学研究院

齋藤仁志　岩手大学農学部

櫻井　倫　宮崎大学農学部

鈴木秀典　森林総合研究所林業研究部門

鈴木保志　高知大学農林海洋科学部

長谷川尚史　京都大学フィールド科学教育研究センター

松本　武　東京農工大学大学院農学研究院

矢部和弘　東京農業大学地域環境科学部

吉岡拓如　東京大学大学院農学生命科学研究科

吉村哲彦　島根大学生物資源科学部

（五十音順）

序

有史以来科学技術を発展させてきた人類の，進んだ科学技術を駆使した様々な活動が地球規模に及び，そのことによる地球環境の改変が見過ごすことはできない規模となり，翻って人類の存亡にかかわる問題にまでなりつつある．21世紀も20年を過ぎた現在は，地球環境を左右する森林資源の維持育成と持続可能な利用が，かつてない重要性をもつようになった時代であるといえよう．

森林資源を持続的に育成・管理・収穫するための諸々の行為に関わる工学的問題を解決するための学問として林業工学あるいは森林利用学があり，この学問分野が包括する細分化されたいくつかの学問分野，すなわち林業機械学・森林作業システム学・林業労働科学に並んで森林土木学がある．森林土木学は以前には林業土木学といわれ，森林へのアクセスと運材手段のための基盤となる土木施設，端的には林道と索道・架線の技術的問題を取り扱ってきた．本書はこうした技術的問題を解決するための基礎を講ずる専門書として，1974年の『林業土木学』に始まり1988年の『新林業土木学』，2002年には『森林土木学』と書名を変えつつ版を重ねてきた系譜に連なる最新版である．

第1章では，日本の森林・林業と森林土木学の歴史，そしてこれからの森林整備の方向性を論じ，ひき続く第2章では森林路網の計画，すなわち全国的な森林路網計画とその根拠となる林内路網密度の理論について解説した．第3章と第4章では実際の林道作設において準拠する林道規程の理論的根拠，すなわち幾何構造と，規程が定める概念を現実の土木構造物として創り出すための測量設計技術を，第5章では設計図を現実のかたちにするための施工技術を取り扱う．施工では，金属のように一様でない性質をもつ土を材料としつつ必要な強度を有する路体に仕上げることが要求される．第6章ではそのための理論的根拠となる土の性質と土質力学を，森林土木学の目的に沿う要点に絞り解説している．

今回の改訂では，旧版以来の時代の変遷，すなわち森林土木学に対する社会的需要や進展した技術に対応することを主旨とした．森林路網に関しては，林道を補う低規格作業道の重要性が近年高まっている．また，地形や土質・地質を仔細に見極めて崩壊危険度の低い路線を選定する手法や，丸太組など現場で調達できる材料を用いた簡易な構造物を利用する技術も普及してきた．この状況を鑑み，さらに大学等における教育研修の現場からも作業道についての内容拡充の要望が多いことから，第7章では最新の知見に基づき作業道の開設技術を取り上げた．ひき続く第8章では林道の維持管理技術を解説しているが，技術の多くは作業道の維持管理にも通ずるものである．

森林と山岳地域がほぼ同義である日本においては，林道の大半は渓流を渡る必要があり，橋梁は不可欠である．橋梁が主題の第9章は旧版から簡素化した部分もあるが，数学や物理に不案内な学生も多い森林科学分野における専門書として，材料力学と構造力学の基本が学べるようにし，わかりやすさにも配慮した．

第10章で取り扱う架線については，近年スイングヤーダやタワーヤーダといった，従来架線に比して簡易だが機動性の高い索張り方式が増えている．そこで，従来の定置式架線に加えて簡易架線用の機械と索張りの仕組み，さらに集材作業を行う上で重要な路網との兼ね合いについても触れることとした．

専門分野の教科書は大学等での講義受講者のみならず，公務員試験や技術士試験の受験者にとっても重要な道案内の役割を果たしている．そこで今回の改訂ではそのような受験者の便に資するため，新たに章末問題を設けることとした．本書が，大学等での講義のみならず，森林土木技術者の研修等でも用いられ，森林土木学ひいては森林利用学が目指す持続可能な森林利用を実現するための技術の継承と発展の一助となれば，望外の喜びである．

最後に，本書の出版にあたり，かねてからご尽力いただいている朝倉書店に対し，感謝の意を表したい．

2021年3月

執筆者一同

目　次

第1章

序　　　　論

1.1　日本の森林・林業と森林土木学の歴史

古来，日本には山岳地を中心に森林が存在し，人々は木材を利用するため運材を行ってきた．明治時代にさまざまな産業の近代化とともに鉄鋼や蒸気機関などの西洋技術が導入されるまで，材は人力で伐倒され，重力を利用し時には修羅（丸太でつくられた滑り台状の滑路，現在も樹脂や FRP 製のものがある）を用いて谷筋まで落とされた．こうした短距離の運材には，昭和中期まで用いられた木馬（丸太を運ぶ木製の橇，横置きに間隔を空けた丸太を地面に埋め込むなどしてつくられた木馬道を滑らせて運ぶ）や，橇を馬に曳かせる馬搬（現代も東北地方などで健在）も用いられた．近代までの長距離運材は，丸太を単木で流す管流や，下流になり川幅が広くなると筏流など，基本的には水運であった（図 1.1）．

明治中期 1890 年前後には運材のほか鉱山でも索道が使われはじめ，20 世紀に入ると国有林で森林軌道や森林鉄道が敷設されるようになる．索道と森林鉄道は山村生活の重要な基盤でもあった．運材手段に関わる技術的・工学的問題を取り

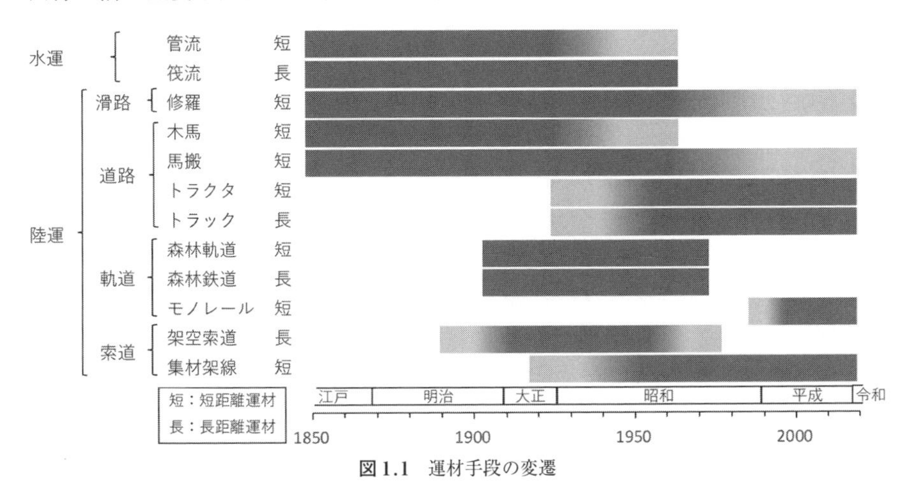

図 1.1　運材手段の変遷

扱う森林土木学という学問は，この時代に端を発する．索道とともに架空索理論の研究が進められ，森林鉄道や蒸気機関は第2次世界大戦以前には森林土木学をその一分野とする林業工学の研究対象の範疇にあった．

内燃機関を動力とする自動車が一般社会に普及するのは1910年代以降で，日本におけるトラック運材は1920年前後に試行が始まったものの，戦後しばらくの間長距離運材は水運と森林鉄道や索道が主であった．戦前戦中の森林濫伐期を経て戦後復興期とその後の高度成長期にわたり日本林業は活況を呈し，これらの運材技術も花形といえる活躍をした．1950年前後から急増する木材需要に応えるべく日本林業は拡大造林期に入り，奥地林の伐出のため，また高度成長期の電力需要の逼迫による電源開発（水力発電ダム建設）のために，林道の敷設が進められた．この時期には奥地林の無理な開発や過度の山岳地道路開設もみられ，林道建設は環境破壊という汚名をこうむることにもなった．ダムの建設は水運の終焉を招いたが，付帯する道路の開設は鉄道より機動性に富むトラック運材の普及に寄与し，時代の流れにより森林鉄道の歴史も1960年代半ばに幕を下ろすことになる．架空索道も道路にその役割が移り，1980年代後半にはほぼ姿を消した．このような歴史的変遷を経て，現在の日本における長距離運材手段は分類としてはトラック運材のみとなっている．ただし，諸外国では条件により鉄道と水運がいまだ重要な役割を担っている地域もある．

トラクタなどの車両系機械による短距離運材と，単支間（中間支柱なし）の場合最大支間長が2000 m程度までの林業用架線による短距離運材は，いずれも集材システムの一種で，これを取り扱う学問分野は林業機械学あるいは森林作業システム学である．しかし，索道は従来から森林土木学で取り扱われてきたこともあり，本書でも集材架線に1章を割いている（第10章）．

戦前に導入されたトラクタは主に北海道などの緩傾斜地で一時的な作業道と組み合わせて用いられ，1950年代中盤の洞爺丸台風による広範囲の風倒木被害の処理を機に広く普及した．1980年代までは作業道は一時的なものとされ，伐出に使われた後は林地に戻す場合も多かった（現在では一時的な使用目的には「作業路」や「搬出路」の語が用いられる）．しかし1980年代中盤以降，林内作業車（ゴムクローラ式農業用運搬車から開発転用された）や4輪駆動の2 tトラックなど，2 m程度の道幅があれば多少急勾配でも走行可能な比較的安価な機械の登場にともない，急斜地でも高密で恒久的な作業道路網を作設し集約的な林業経営を行う

（a）林道

（b）林業専用道

（c）森林作業道

図 1.2　森林路網を構成する道路の 3 区分

事例が増えてきた．崩壊しにくい路網をつくるための前提として，地形や地質・土質を路線選定においてどのように考慮するかといった技術が，経験的知見を科学的検証が追う形で進捗しはじめた．時期をほぼ同じくして，急斜面のミカン畑などの農業用モノレールが林業用としても普及する．幹線としての林道に対し，支線としての作業道が条件に応じた短距離運材方式とともに用いられることで，路網として機能することが一般的になってきたのである．

国の森林基盤整備，すなわち林道開設計画は，以前は道路密度の目標値を定め全国一律に林道密度を高めていくことが想定されていた．2000 年代になると，生産林と環境林など目的別にゾーニングし，基盤整備が必要な地域とそうでない地域があるという考え方となり，目標となる路網密度もその地域の条件に適した作業システムに応じたものとなった（2.1 節参照）．さらに 2010 年代には林業施策や森林基盤整備の新しい方向性が「森林・林業再生プラン」において定められ，定義が曖昧となってきていた作業道を，10 t トラック程度の運材トラックが走行可能な「林業専用道」と，これより低規格の「森林作業道」に区分することとなった（図1.2）．これにより，林道は長距離運材のための基盤として，幹線の役割がより明確にされた．短距離運材（集材）のためのアクセスを提供するため，森林作業道を中心とする路網を，支線としての林業専用道を適切に組み合わせて整備していくこととなるが，低コスト性と土構造の強度性能の両立は，依然として重要な研究課題である． ［鈴木保志］

1.2 長期的視野に立つこれからの森林路網整備の方向性

恒久的な使用を前提とした林道の意義として，①重複開発の回避，②自然災害リスクの軽減，③生産基盤の蓄積，④輸送効率の向上があげられる．①と②の点では利用区域内に林道を面的に張り巡らし，公道と接続して迂回(うかい)することが可能な循環路網を形成することが重要となる．また③と④の視点に立つと，林道は高額な建設コストに目を奪われがちであるが，ひとたび完成すれば日常の管理業務や木材の輸送路として活用できるようになるし，間伐だけでなく，主伐やその後の再造林の際にも作業の効率化に資すると考えれば，メンテナンスを最小限に抑えながら繰り返し利用できるという点に林道の意義を見出せよう．その意味では，林道は単なる生産施設ではなく社会資本と位置づけられるし，林道の整備が“森林基盤整備”といわれる所以(ゆえん)でもある．林野庁でも「今後の路網整備のあり方検討会」が設置され，昨今の森林・林業を取り巻く情勢の変化や豪雨などによる災害の激甚化を踏まえ，今後を見据えた路網整備のあり方を検討すべく，長期的・広域的・総合的な路網整備計画（ビジョン）の策定，木材の大量輸送への対応，作業システムの進展・普及への対応，災害に強い路網整備への対応，森林・林業土木技術者の人材不足・質の向上への対応，路網整備水準の適切な指標・目標のあり方に関する議論がはじまった．

集運材に供する林内路網計画を長期のものとして捉えると，一時的な使用を念頭に置いた低規格道は不要であることが学術的には明らかにされている．もともと日本の林道も，コストミニマム方式（2.1節参照）のもと長期的な計画に基づいて建設が進められていた．しかし高度経済成長期を経て，建設コストの高騰，林業の低迷，自然保護運動の高まり，公共事業への批判などの要因により敷設(ふせつ)は滞ってしまう．このことに，我が国の行政において，林道は林野庁林道課，当時は一時的なものとされていた作業道は造林課がそれぞれ所管していたという歴史的背景が絡んでいく．施業林道密度が低い段階で，作業道（当時）の名のもとに施業林道が開設された事例が多く，本来であれば臨時的施設であるべき低規格道のなかに，長期にわたり使用される施業林道の役割を担わされるものも多く存在したのが実際のところである．現在の作設延長は年間数百 km 程度の増加にとどまり，なかなか林道密度が高まらないのに対し，作業道は年間数千 km のペースで開設されており，現実的な方策として，距離基準方式（2.1 節参照）に基づき，森林の動脈の役割を林道（と林業専用道），毛細血管の役割を（森林）作業道が担う形で整備が進められている．作業道は一時的なものでなく継続的な使用が想定され，それに応じた規格と構造が求められるようになっている．

我が国と同じように急傾斜地が多いことから林業の“お手本”とされることの多いオーストリアの林内路網密度は 89 m/ha（林道 45 m/ha，作業道 44 m/ha），日本の 4 倍以上の整備水準である．オーストリアでは，木材価格が比較的高かった 1960 年代より路網への投資が重点的に行われたことで，その後は材価が低迷し人件費が上昇するなか，機械化による生産性の向上を実現したといわれている．機械が現場まで入っていくことのできる道路の整備がいかに大切かということの一端を，如実に示している．

ここで林道，作業道などの道路を規格構造の大小で高規格，低規格に分けて考えると，一般的に低規格の道路は低コストで作設可能であることが注目されがちであるが，繰り返しの利用を念頭に置いた生産基盤として考えると，災害に弱い，維持管理の手間がかかる，使用可能な機械や輸送能力が限られるなどのデメリットも存在する．日本大学北海道八雲演習林の水源林造成事業による造林地（40 年生トドマツ人工林 15.47 ha）を対象に，198 m/ha の高密路網を低規格作業道で開設して在来型林業機械で間伐するケース I と，高規格作業道で開設してハーベスタとフォワーダの CTL システムで間伐するケース II を比較した．作業道の作設と初回間伐まではケース I のほうが低コストとなったものの，10 年後と 20 年後の間伐までを考慮するとケース II のほうが有利となるシミュレーション結果が得られた（図 1.3）．なお，機械の稼働時の燃料消費量より導かれる温室効果ガス排出量についても同様の傾向が示されており，目先の利益にとらわれない長期的な視野に立った高規格道路と機械化への投資が，経済性だけでなく環境性能の面からも有効であることを示唆する一例といえる．

［吉岡拓如］

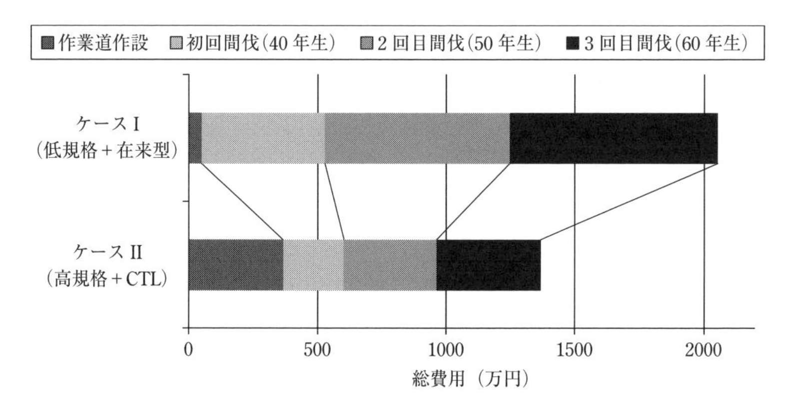

図1.3 作業道作設から3回目間伐までの総費用の比較

演習問題

林道，林業専用道，森林作業道のそれぞれについて，森林路網の一部としての機能，想定されている使用者と走行車両，および構造上の特徴の要点を記しなさい．

第2章

森林路網の計画

2.1　森林基盤整備計画と林道計画

2001（平成13）年に「林業の発展等」を中心とする林業基本法から，「森林の多面的機能の持続的な発揮」を中心とする森林・林業基本法に改正され，林道も「林野の林業的利用の高度化を図るための施設」から，「森林の適正な整備を推進するための森林の施業を効率的に行うための施設」へ定義し直された．いわば，林道は単なる生産施設ではなく社会資本としての位置づけがなされたともいえる．

森林・林業基本法に基づき，政府は我が国の森林・林業施策の基本方針を定める森林・林業基本計画を，森林・林業をめぐる情勢の変化などを踏まえ，おおむね5年ごとに変更している．2016（平成28）年5月24日に閣議決定された森林・林業基本計画では，路網の整備については育成単層林などにおいては施業などの効率化に必要な路網を整備する一方，天然生林などにおいては管理に必要となる最小限の路網を整備し，または現存の路網を維持するなど，指向する森林の状態に応じた路網整備を進めることとしている．

この場合，具体的な施業を想定し，表2.1のように緩傾斜・中傾斜地においては車両系を主体とする作業システムの導入を，急傾斜地・急峻地においては架線系を主体とする作業システムの導入を図ることとする．その際，極力脆弱な地質や急峻な地形を避け，耐久性と経済性の両立を追求しつつ，木材の輸送コスト縮減のためのトラックなどが走行する林道などと，集運材や造材などを行う林業機械が主として走行する森林作業道を適切に組み合わせて整備（既設路網の改良を含む）していくことが必要である．

このような観点を踏まえて，路網整備の徹底を図ることとし，その際の路網密度の目安を表2.2に示すと，育成単層林などの中傾斜地（中傾斜地は日本の森林の約4割を占める）で車両系作業システムを導入する場合，75 m/ha 以上となる．また，林道などの望ましい延長の目安を表2.3に示すと，現状の19万 km に対し

表 2.1　作業システムの例（林野庁，2010 を改変）

区　分	作業システム	最大到達距離（m）		作業システムの例			
		基幹路網から	細部路網から	伐　採	木寄せ・集　材	枝払い・玉切り	運　搬
緩傾斜地（0〜15°）	車両系	150〜200	30〜75	ハーベスタ	グラップル ウインチ	（ハーベスタ）	フォワーダ トラック
中傾斜地（15〜30°）	車両系	200〜300	40〜100	ハーベスタ チェーンソー	グラップル ウインチ	（ハーベスタ） プロセッサ	フォワーダ トラック
	架線系		100〜300	チェーンソー	スイングヤーダ タワーヤーダ	プロセッサ	トラック
急傾斜地（30〜35°）	車両系	300〜500	50〜125	チェーンソー	グラップル ウインチ	プロセッサ	フォワーダ トラック
	架線系		150〜500	チェーンソー	スイングヤーダ タワーヤーダ	プロセッサ	トラック
急峻地（35°〜）	架線系	500〜1500	500〜1500	チェーンソー	タワーヤーダ	プロセッサ	トラック

注：この表は，現在採用されている代表的な作業システムを，使用されている林業機械により表しつつ，傾斜および路網密度と関連づけたものであり，林業機械の進歩・発展や社会経済的条件に応じて変化するものである．地域において，今後の路網整備や資本装備の方向を決めるにあたっては，地域における自然条件，社会経済的条件を踏まえた工夫や経営判断が必要である．「グラップル」にはロングリーチ・グラップルを含む．

表 2.2　地形傾斜・作業システムに対応する路網整備水準の目安（単位：m/ha）

区　分	作業システム	基幹路網			細部路網	路網密度
		林　道	林業専用道	小　計	森林作業道	
緩傾斜地（0〜15°）	車両系	15〜20	20〜30	35〜50	65〜200	100〜250
中傾斜地（15〜30°）	車両系	15〜20	10〜20	25〜40	50〜160	75〜200
	架線系				0〜35	25〜75
急傾斜地（30〜35°）	車両系	15〜20	0〜5	15〜25	45〜125	60〜150
	架線系				0〜25	15〜50
急峻地（35°〜）	架線系	5〜15	−	5〜15	−	5〜15

33万km程度となる．とくに，自然条件などのよい持続的な林業経営に適した育成単層林を主体に今後10年間で整備を加速させ，林道などについては24万km（公道を除く）程度を目安とする．

森林・林業基本計画に即し，全国の森林について，5年ごとに15年を1期とし

表 2.3　路網の将来の望ましい総延長（単位：万 km）

	将来の望ましい延長
総延長	63 < 47 >
林道など（車道）	33 < 24 >
森林作業道	30 < 23 >

注：<>内は 10 年後を目途とした延長で，上段の内数.

て「全国森林計画」(2018（平成 30）年 10 月 16 日閣議決定）が立てられている．これは，森林に対する国の政策を長期的・広域的な視点に立って明らかにする計画であり，地域ごとの森林計画の規範とするため，主として広域的な流域ごとの森林整備の計画量（林道開設量は 6.2 万 km）が立てられている．

さらに，全国森林計画の計画事項に基づき，国有林については，全国を 7 分割した森林管理局を単位として，5 年ごとに 10 年を 1 期とする地域別の森林計画を，民有林については，都道府県ごとに知事が 10 年を 1 期とする地域森林計画を立て，林道の開設または改良に関する具体的な計画を公表している．

図 2.1 は林道計画の流れを示したものであり，大きく分けて A：林道密度計算，B：林道路線配置計画，C：林道路線選定の 3 つの過程がある．2001（平成 13）年に改正された森林・林業基本法に基づいた「森林・林業基本計画」(平成 13 年 10 月 26 日閣議決定）では路網整備量の考え方が，もっとも経済的に有利な路網密度を基準として，整備量を算出する方法（コストミニマム方式）から，計画されている森林施業を実施するためには，物理的にどの程度の路網整備を行うべきかを算出する考え方（距離基準方式）に変更され

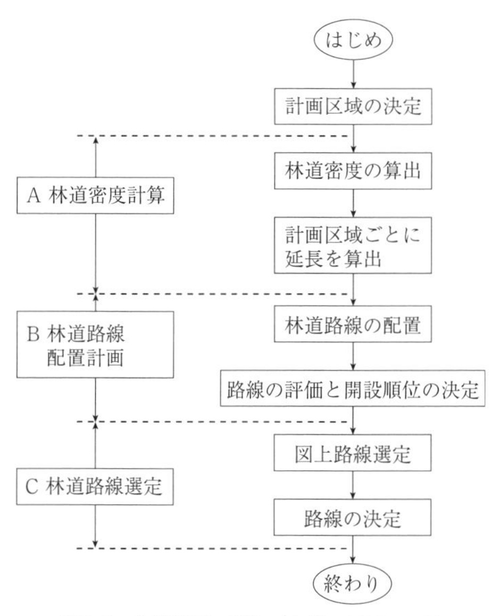

図 2.1　林道計画の流れ（小林，2002，p. 5）

た．なお，距離基準方式により設定された路網整備量の妥当性はコストミニマム方式により検証されている．

林道路線配置計画に際しては，①地形・地質・土壌，②植物，③動物，④景観，⑤文化財などに十分配慮する必要がある．このため，必ず通過すべき箇所（土場，支線との分岐点，架橋地点，峰越えの鞍部など）や避けるべき箇所（崩壊地，地滑り地，雪崩発生地，希少生物生息地など）を地形図，航空写真をはじめとし，各種既存資料により精査する必要がある．実際の路網配置では，これら必ず通過すべき箇所や避けるべき箇所を地形図上に明示し，等高線より路線の勾配を考慮しながら，森林管理や集材作業を効率的に行うために，計画対象地全体に路線を配置する．

林道路線選定は具体的に林道の起終点を決め，空中写真などを参考に等高線の入った地形図上で路線選定を行う．路線選定をはじめるにあたり，起終点以外の通過点や，避けるべき地点を明示する．林道の種類，等級などから予定路線の平均勾配を決定し，地形図上の等高線間隔より，等高線を越えるのに必要な延長を求める．この間隔で等高線を次々にディバイダで区切れば，地形図上に所定の勾配をもつ路線を描くことができる．

現在では，地理情報システムGISや航空レーザ計測などの発達により，林道計画は電子化されてきている．

2.2　林内路網密度整備量の根拠

2.2.1　距離基準方式

中欧方式ともよばれ，中部ヨーロッパ，とくにオーストリア，スイス，ドイツなどにおける考え方である．林地ごとに最適と考えられる集材法を適用し，この集材法に適した路線配置から適正路網密度を算出する方法である．

面積が1 ha（10000 m^2）の矩形モデルにおいて（図2.2），横が最遠作業距離 S_{max}（m）の2倍となるように縦の長さ

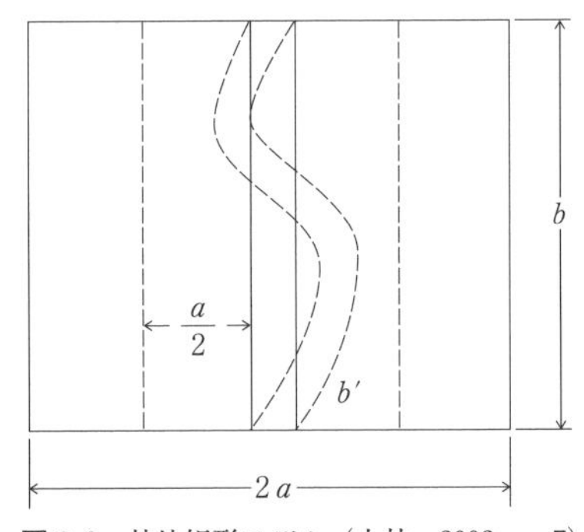

図2.2　林地矩形モデル（小林，2002，p. 7）

を設定すると，縦の長さが1 haあたりの路線長，すなわち路網密度（m/ha）となる．実際の路網密度 d（m/ha）は路網の迂回や偏りを考慮して，迂回係数 f（1.5）を乗じて求める．なお，日本の森林においては f は1.5～1.75程度である．

$$d = \frac{10000}{2S_{\max}} \times 1.5 \tag{2.1}$$

a.　管理に必要な路網整備水準（林道）

森林巡視・山火事対応などの森林管理のためには「森林作業者の現場への到達時間が平均で片道1時間程度とし，このうち林内歩行を30分以内とすること」を前提として，最遠作業距離を500 m以下とするよう整備する．

$$d = \frac{10000}{2S_{\max}} \times 1.5 = \frac{10000}{2 \times 500} \times 1.5 = 15\ \mathrm{m/ha} \tag{2.2}$$

b.　森林施業に必要な路網整備水準（基幹路網）

車両系（フォワーダなど）を主体とする作業システムについては，効率的な作業を可能とするため，作業ポイント（土場）からの最遠集材距離が200 m程度となるよう整備する（図2.3）．

$$d = \frac{10000}{2S_{\max}} \times 1.5 = \frac{10000}{2 \times 200} \times 1.5 = 38\ \mathrm{m/ha} \tag{2.3}$$

架線系（中型タワーヤーダなど）を主体とする作業システムについては，タワーヤーダでの集材距離を考慮し，最遠集材距離が300 m以下となるよう整備する．

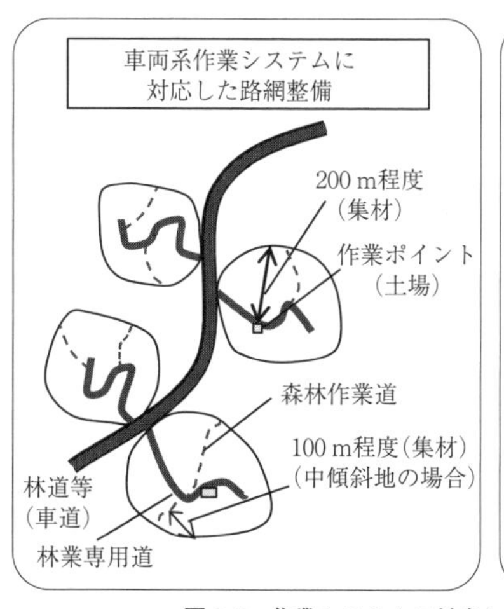

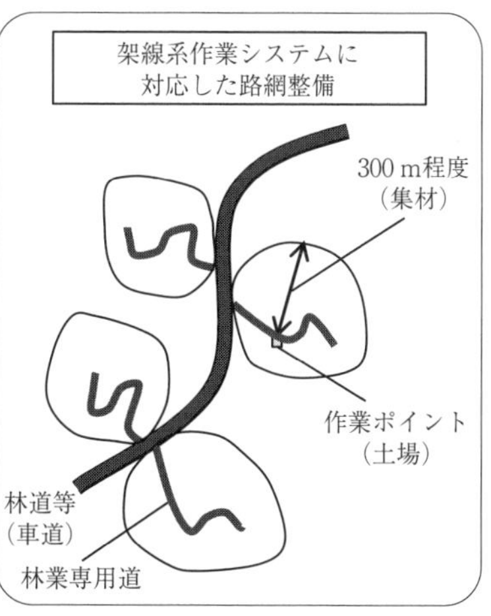

図2.3　作業システムに対応した路網整備（林野庁，2015）

$$d=\frac{10000}{2S_{max}}\times 1.5=\frac{10000}{2\times 300}\times 1.5=25\ \mathrm{m/ha} \tag{2.4}$$

c. 作業システムに応じた路網整備水準（路網密度）

車両系作業システムについては，伐採から運搬までをハーベスタ，グラップル，プロセッサおよびフォワーダなどの組み合わせによることを基本とし，森林作業道からの最遠集材距離を，緩傾斜地については75 m 程度以下，中傾斜地については100 m 程度以下となるよう整備する．

$$\text{緩傾斜地}：d=\frac{10000}{2S_{max}}\times 1.5=\frac{10000}{2\times 75}\times 1.5=100\ \mathrm{m/ha} \tag{2.5}$$

$$\text{中傾斜地}：d=\frac{10000}{2S_{max}}\times 1.5=\frac{10000}{2\times 100}\times 1.5=75\ \mathrm{m/ha} \tag{2.6}$$

なお，距離基準方式は，本来，施業内容が決まっている具体的な団地を対象に，導入する林業機械の能力などにあわせて路網を計画する際に活用すべきものである．したがって，森林・林業基本計画のように全国を俯瞰するマクロ計画の根拠としては使われず，林業基本計画では，もっぱらコストミニマム方式が活用されてきた．しかしながら，物理的に森林施業が最低限必要とする路網密度を求めるという考え方が，林道が何物にも代えがたい社会資本であることを具体的に示したという点，また，将来，全国の森林資源情報などが完全に電子データ化されれば，もっとも精度の高い根拠となりうる点で，今般の距離基準方式の採用は意義があると考えられる．

2.2.2 コストミニマム方式

コストミニマム方式は1942年にアメリカのドナルド・マクスウェル・マチュースが発表した最適林道間隔理論をベースとし，日本では林道密度理論として発展した．林道のもっとも重要な開設効果は，集材費用の低減化と育林，造林管理といった歩行費用の低減化である．林道を開設することによって，集材距離・歩行距離が減少し，集材費用・歩行費用の節減が可能になる．林道がある程度開設されると林道の費用が嵩み，全体としては効果がなくなる．マチュースはこの集材費用と林道費用の和を最小とする林道間隔を求めた（図2.4）．

林道の長さをl (m)，林道間隔をi (m)，林地の単位面積あたり材積をv ($\mathrm{m^3/m^2}$)，単位延長あたりの林道開設費をr（円 /m）とすると（図2.5），

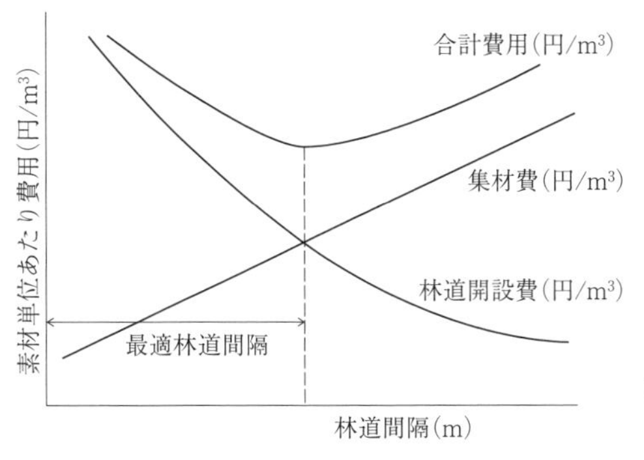

図 2.4　最適林道間隔模式図（小林，2002，p. 7）

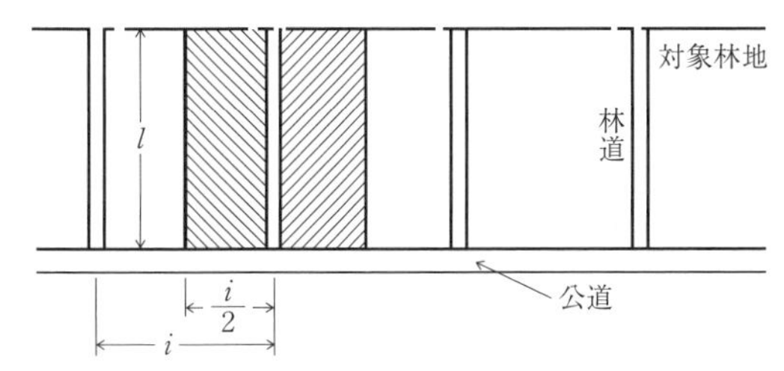

図 2.5　林道間隔モデル（小林，2002，p. 6）

$$\text{単位材積あたりの林道開設費：} K_r = \frac{lr}{liv} = \frac{r}{iv} \quad (\text{円}/\text{m}^3) \tag{2.7}$$

単位材積，単位延長あたりの集材費を k'（円 /m^3/m）とすると，

$$\text{単位材積あたりの集材費：} K_s = k'\frac{i}{4} \quad (\text{円}/\text{m}^3) \tag{2.8}$$

ここで $i/4$ は平均集材距離である．

$$\text{合計費用：} K = K_r + K_s = \frac{r}{iv} + k'\frac{i}{4} \quad (\text{円}/\text{m}^3) \tag{2.9}$$

合計費用 K が最小となるのは，合計費用 K を i で微分して，0 となるときである．

$dK/di = -r/i^2v + k' \cdot 1/4 = 0$，$i^2 = 4r/k'v$，$i > 0$ より

$$\text{最適林道間隔：} i = \sqrt{\frac{4r}{k'v}} \tag{2.10}$$

マチュースの理論は，日本の山岳林における集材を考えた場合，不適当であるとし，加藤誠平を代表とする研究グループが迂回を考慮した最適林道密度理論式を求めた．図 2.2 のような矩形の林地モデルを考え，集材幅 $2a$（m），林道の直

線距離 b（m），林道の迂回率 η，集材線の迂回率 η' により，ha あたりの林道密度 d（m/ha）を求めると次式のようになる．

$$d=\frac{b(1+\eta)}{2ab/10000}=\frac{10^4 b(1+\eta)}{2ab}=\frac{5000(1+\eta)}{a} \tag{2.11}$$

なお，迂回率 η とは直線距離 b（m）を実際の距離 b'（m）に修正するために用いるもので，$\eta=(b'-b)/b$ となる．したがって，実際の距離 $b'=b(1+\eta)$ となる．また，迂回係数 $f=b'/b$ であり，迂回係数を用いると実際の距離 $b'=b\times f$ となる．したがって，$f=1+\eta$ である．

また，林道開設費 A（円/m^3），集材費 B（円/m^3）は，林道単価 r（円/m），集材単価 x（円/m^3/m），ha あたり素材生産量 v（m^3/ha）とすると，次式のようになる．

$$A=\frac{rb(1+\eta)}{\frac{2ab}{10000}v}=\frac{5000r(1+\eta)}{av},\quad B=x\frac{a(1+\eta')}{2} \tag{2.12}$$

合計費用 K（円/m^3）は次式のようになる．

$$K=A+B=\frac{5000r(1+\eta)}{av}+\frac{xa(1+\eta')}{2} \tag{2.13}$$

ここで，K に $a=5000(1+\eta)/d$ を代入すると，

$$K=\frac{5000r(1+\eta)}{\frac{5000(1+\eta)}{d}v}+\frac{x(1+\eta')}{2}\frac{5000(1+\eta)}{d}=\frac{rd}{v}+\frac{2500x(1+\eta)(1+\eta')}{d} \tag{2.14}$$

最適林道密度は上式を林道密度 d で微分し，0 となる d の値を求めることによって得られる．

$$\frac{dK}{dd}=\frac{r}{v}-\frac{2500x(1+\eta)(1+\eta')}{d^2}=0,\quad d^2=\frac{2500xv(1+\eta)(1+\eta')}{r} \tag{2.15}$$

$d>0$ より

$$\text{最適林道密度：}d=50\sqrt{\frac{xv(1+\eta)(1+\eta')}{r}} \tag{2.16}$$

このように集材費と林道開設費の合計を最小とする林道間隔を求めるこの理論は，経済的理論によって合理的に林道密度を求めることができる．日本において

は林道と集材線の迂回を考慮した最適林道密度理論が 1973 年の「森林資源基本計画」で採用され，歩行費用を加えた次式で表される最適林道密度理論が 1980 年の「森林資源基本計画」で採用された．

$$d=50\sqrt{\frac{xv(1+\eta)(1+\eta')}{r}+\frac{kC_wN_w(1+\eta)}{500rS_w}} \tag{2.17}$$

ただし，k：歩行距離係数，C_w：労働単価（円/時），N_w：労働投入量（人日/ha），S_w：歩行速度（km/時）である．現在では複数の規格の目標路網密度を理論的に明らかにする複合路網密度理論が確立されている．　[有賀一広]

演習問題

(1) 最遠集材距離 30 m となる路網密度を矩形モデルを用いて求めなさい．なお，迂回係数は 1.5 とする．

(2) 林地の単位面積あたり材積 v（0.05 m^3/m^2），単位延長あたりの林道開設費 r（10000 円/m），単位材積，単位延長あたりの集材費 k'(20 円/m^3/m) として，マチュース理論における最適林道間隔 i(m) と単位材積あたり合計費用 K(円/m^3) をそれぞれ求めなさい．

(3) 林道単価(61000 円/m)，集材単価(7 円/m^3/m)，ha あたり素材生産量(440 m^3/ha)，林道迂回率（0.6），集材線迂回率（0.5），歩行距離係数（3），歩行速度（2 km/時），労働投入量（480 人日/ha），労働単価（2000 円/時）として，最適林道密度と歩行費用を含めた最適林道密度を求めなさい．

第 3 章

林道の幾何構造

林道の設計因子には，幅員，勾配，線形といった幾何構造と，盛土，切取り，路面といった路体構造がある．林道の設計にあたっては両者の理論が必要となることはいうまでもないが，その当初においては幾何構造についての理論をとくに知らなくてはならない．林道は基本的に道路であり，一般の公道と同じように車両の交通に資することを目的にしている．したがって公道における道路構造令に相当する林道規程（以下，規程）があり，林道の規格構造について林野庁によって定められている．本規程は 1955（昭和 30）年に制定され，その後 1973（昭和 48）年設計速度の導入，1988（昭和 63）年牛馬道，木馬道の廃止，2001（平成 13）年単線軌道の導入，2011（平成 23）年林業専用道への対応，2020（令和 2）年セミトレーラ車と「第 1 種」「第 2 種」の区分の導入など，時代にあわせて改正されてきた（付録「林道規程」参照）．林道設計者は，本規程について熟知している必要がある．とくに国からの補助事業による設計，作設においては，これを順守しなければならない．

3.1　設計車両と設計速度

林道を適切に設計するために，設計の基礎となる設計車両と設計速度がある．設計車両はその規格の車両が安全かつ円滑に走行できるように（規程第 9 条）当該林道を設計するという基準である．規程における自動車道の分類として，設計車両による区分である第 1 種自動車道・第 2 種自動車道という区分と，幅員による区分である自動車道 1 ～ 3 級という区分がある．第 1 種自動車道においてはセミトレーラを設計車両としており，第 2 種自動車道においては自動車道 1 級および同 2 級の設計車両を普通自動車，3 級の設計車両を小型自動車と定めている．なお，各種自動車の諸元は規程第 9 条の 2 に示されており，道路運送車両法施行規則に定められた規格と同一の値である．

ここで，種と級による区分は独立しており，両者を混同しないように注意が必要である．なお，2020（令和 2）年改正以前の規程においては第 1 種，第 2 種という区分は存在せず，自動車道 1 ～ 3 級の区分はその林道が接続する路線や位置づけによる区分であったため，この改正の前後で林道の区分は大幅にその姿を変えている．

また幾何構造を決定する重要な因子として，設計速度がある．これは設計車両が安全かつ快適に走行できる最高速度であるが，曲線部，縦断勾配などの幾何構造に大きな影響を与えるものである．とくに林道の場合は地形上・経済上の制約からある程度の急カーブや急勾配は免れないものであるから，公道のように全線を同じ設計速度で走行することは無理である．

規程による設計速度は，規程第 11 条に示されているように 15 km/時 から 40 km/時 であり，比較的低速であることは林道の特質上やむを得ないことである．

3.2　幅員と建築限界

3.2.1　幅員の構成

林道の幅員は，設計車両が設計速度で安全に通行できるものでなければならない．林道の構造を車両の走行方向に直角な面で切りとった標準的な横断面図は図 3.1 に示すようになっており，車両が走行する部分のみならず法面など施工の対象となる範囲も含んだ範囲を林道敷とよぶ．さらに，林道敷の左右両側に余裕を加えた範囲を用地幅とする．一方，車両が通行する一般的に道路とよばれる部分は，もっぱら車両の通行に供される部分である車道，車道を支える形で両側にある部分である路肩により構成され，車道の幅を車道幅員あるいは有効幅員，路肩

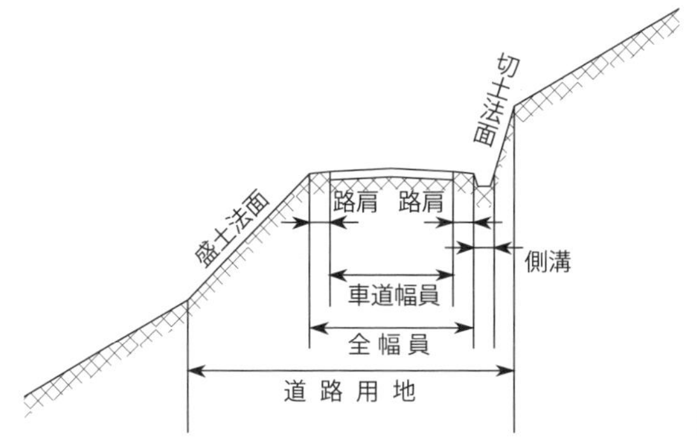

図 3.1　標準横断面図

と車道を合わせた幅員を全幅員とよぶ．規程においては，車道幅員が車線数および級によってそれぞれ2.0～4.0 mに，路肩の幅員が0.3～0.5 m（2車線の道路にあっては0.75 m）に定められている．現在の林道は過去における規程に基づいて作設された車道幅員4.0および3.6 mの林道も多く存在している．また，大規模林道など，2車線，高規格の林道も多く存在している．

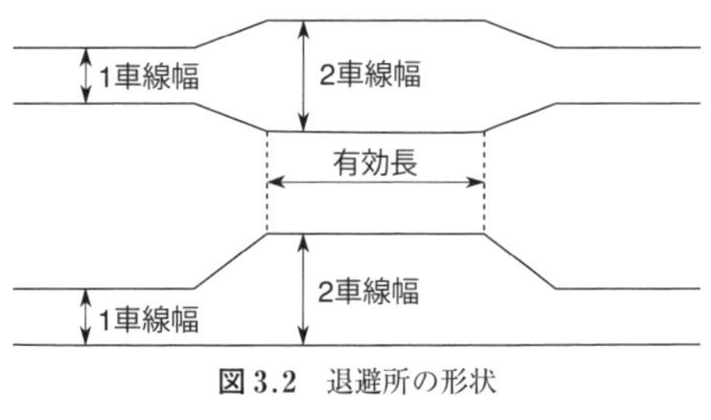

図3.2　退避所の形状

3.2.2　建築限界

幅員を決定する重要な因子として設計車両があり，この車両が安全に走行できる構造でなければならない．そのために道路の上方一定限界内には，建築物はもちろんのこと電柱や標識，防護柵などを設置してはならない．この空間を建築限界といい，規程第13条に定められている．高さは4.5 mであるが，地形の状況その他やむを得ない箇所では1級および2級では4.0 mまで，3級においては3.0 mまで縮小できる．また，トンネル，長さ50 m以上の橋および高架の自動車道においては地覆部分が限界から外されている．

3.2.3　待　避　所

林道の多くは一般的に1車線である．したがって自動車のすれ違いのためには待避所を必要とする．これは交通量に応じて一定区間ごとに，見通しのよい場所に設置することが望ましいが，地形の関係上適地が得られず苦労することが多い．待避所の設置間隔は規程第29条に述べられ，間隔は300～500 m以内，車道幅員4.0～6.0 m以上，有効長10～23 m以上と定められている．形状は図3.2の下のように有効長の部分を2車線の幅員とし，片側に広げる場合が多いが，地形の関係で同図上のように両側に広げる場合もある．

3.3　林道の平面線形

林道の幾何構造のなかで路線の進行方向の形状，線形を平面線形という．この

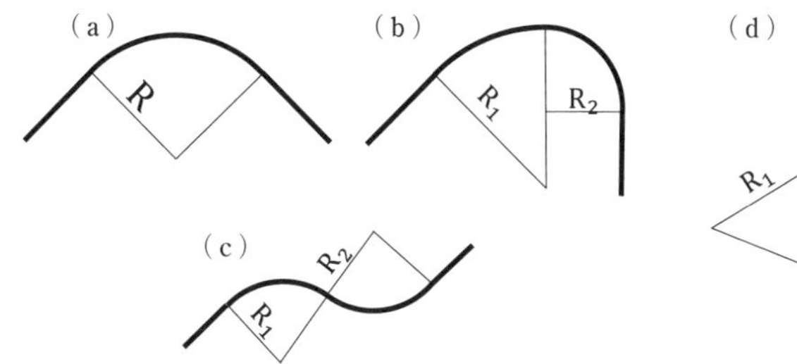

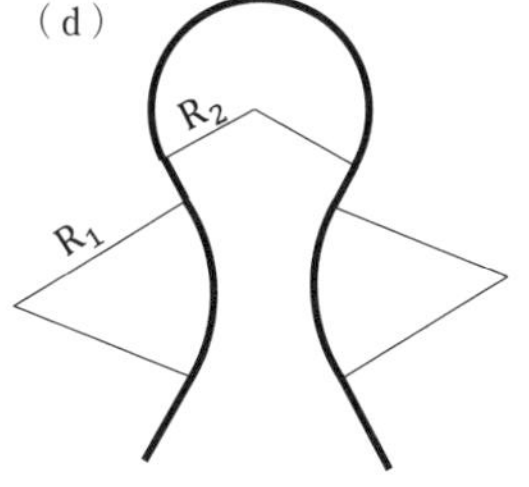

図 3.3　曲線の種類

なかで重要な部分を占めるのが曲線と直線である．道路の構造としては直線がもっとも合理的であるが，林道の場合，建設地は山岳地がほとんどであるため，曲線部の設置は避けられない．平面線形の設計が林道の安全性，輸送効率，あるいは建設費に大きな影響を与える．

曲線部は円弧によって構成され，その曲がり具合は曲線を弧とする扇型の半径をもって表す．林道で用いられる曲線は，図 3.3 a に示す直線に円弧が接続する単曲線がもっとも多く，また設置も簡単である．同図 b は半径および中心が異なる円弧同士が接続する複合曲線，同図 c は向きが反対となる曲線が接続する背向曲線（反向曲線，S 字曲線とも）であるが，これらの曲線は曲線の途中で急激なハンドル操作が必要となり，乗り心地や積荷の安定性が悪化するので通常は避ける．同図 d のように鋭角で方向転換する場合，複数の曲線を組み合わせたヘアピンカーブを設置することがある．なお，文献によってはヘアピンカーブのことを反向曲線とよんでいる．このほか，直線と曲線および曲線相互間をなめらかに接続するための緩和曲線がある（3.3.3 項および 4.3.3 項参照）.

3.3.1　最小曲線半径

a.　シュベルグ式

曲線はその半径が大きいほど走行には好都合である．しかし，地形や費用の関係からできるだけ小さい曲線を用いたほうが有利な場合がある．林道設計には 2 つの規制要因があり，1 つは長い搬出材を積載した自動車が通過できるということ，もう 1 つは横滑りをすることなく安全に走行できるということである．前者はトラクタ道，初期の林道で用いられ，シュベルグ式といわれる．

$$R = L^2/4B \tag{3.1}$$

ただし，R：最小曲線半径（m），L：搬出材の長さ（m），B：幅員（m）である．この式は搬出材が道路からはみ出さない条件を求めたもので，とくに設計速度の低い作業道に用いるのが適当である．

b.　横滑りしない条件からの最小曲線半径

規程の基本的な考え方には設計速度の概念が取り入れられており，すなわち道路構造は設計速度での走行に支障のない構造でなければならない．この条件より，現在の規程では，曲線部を自動車が通過する場合に車体が横滑りを生じない条件をもとに，次式を用いて最小曲線半径が計算されている．

$$R=\frac{V^2}{127(f+i)} \tag{3.2}$$

ただし，R：最小曲線半径（m），V：自動車の設計速度（km/時），f：路面とタイヤの摩擦係数，i：路面の横断勾配（$\tan\alpha$）である．

式（3.2）の根拠は，図3.4においてZ：遠心力（N），v：自動車の速度（m/秒），g：重力加速度（9.8 m/秒^2），W：自動車の重量（N），α：路面の横断勾配とすれば，曲線を通過する自動車の遠心力は式（3.3）になる．

$$Z=\frac{W}{g}\cdot\frac{v^2}{R} \tag{3.3}$$

一方で，自動車が横滑りしないための条件は，式（3.4）のようになる．

$$Z\cos\alpha-W\sin\alpha\leq f(Z\sin\alpha+W\cos\alpha) \tag{3.4}$$

両辺を$\cos\alpha$で除し，Zに式（3.3）を代入し，$\tan\alpha=i$を使用すると式（3.5）となる．

$$\frac{v^2}{gR}-i\leq f\left(\frac{v^2}{gR}\,i+1\right) \tag{3.5}$$

ここで，$fi\ll 1$であるのでこれを省略するとともに，速度をkm/時で表すために$V=3.6v$を代入すると，式（3.2）を導くことができる．

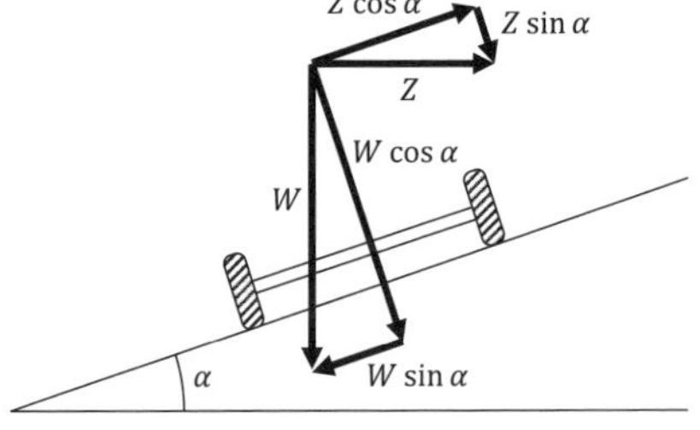

図3.4　曲線部を走行する車に作用する力

通常，滑動が発生してから転倒が生じるので，式（3.2）は転倒に対しても安全である．路面とタイヤの摩擦係数fは路面やタイヤの状態に大きく影響を受け，また自動車の速度によっても多少異なる．

アスファルト舗装では0.4～0.8，コンクリート舗装では0.4～0.6，凍結時や積雪時には0.2～0.3程度となる．設計上は安全のためにfの値を低く見積る必要があり，林道の場合は設計速度も考慮して砂利道では0.20，舗装道路では0.15が適当であるとされている．求められた最小半径は設計速度ごとに整理され，規程第15条に定められている．

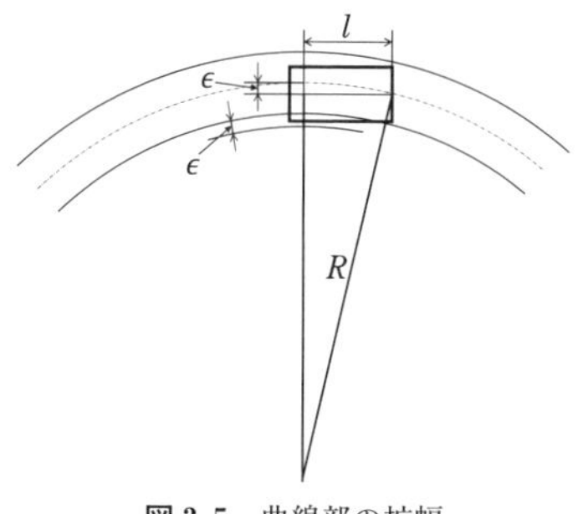

図3.5　曲線部の拡幅

3.3.2　曲線部の拡幅

林道の曲線には小半径のものが多い．このような小半径の曲線部を自動車が通過する場合は，前輪と後輪の軌跡が異なり，自動車において一般的な前輪操舵の車両では後輪は前輪より曲線の内側を通過する．図3.5のように前端の中央部がつねに幅員の中央を走行したときに，後輪軸の一側に差が生じ，この差を内輪差と称する．したがって，車輪が脱輪することなく安全に走行するためには，曲線部に内輪差のぶんだけ内側に拡幅が必要となる．この内輪差をε，車両の回転半径をR，前端から後車軸までの距離をlとすれば，それぞれ下式のようになる．なお，ε^2は$2R\varepsilon$と比べきわめて小さいので，これを省略する．

$$\varepsilon = R - \sqrt{R^2 - l^2},\quad l^2 = 2R\varepsilon - \varepsilon^2,\quad 2R\varepsilon = l^2,\quad \varepsilon = l^2/2R \qquad (3.6)$$

規程では第17条において，やむを得ない場合を除いて，種，級，車線数と曲線半径に応じて拡幅するよう定めており，細部運用において原則としては内側に拡幅するものとされている．

3.3.3　緩和区間

林道の直線部と曲線部の間には，運転を容易にし，拡幅や片勾配のすりつけを行う部分として緩和区間が設けられている．緩和区間の長さは規程第18条に道路の種，級，設計速度および車線数に応じてそれぞれ定められている．また緩和区間の形状として，1車線の林道においては緩和区間の開始点と曲線の始点との間で拡幅の量を直線的に漸増させる緩和接線が用いられ，2車線の林道では直線から曲線半径が漸減して円曲線に円滑に接続する緩和曲線（4.3.3項）が用いられる．林道など道路では緩和曲線の線形にクロソイドが用いられるのが一般的であるが，ほかに緩和曲線の形状として3次放物線，サイン半波長逓減曲線，レムニスケートなどの曲線がある．

3.4　縦　断　勾　配

林道は通常山岳地に開設されるので，車両の走行方向に対する道路の傾斜である縦断勾配に関する配慮が一般道路以上に必要である．幅員や曲線は作設後に改良することが比較的容易であるが，縦断勾配の変更は路線の新設を意味するので，設計時に十分に検討しておく必要がある．道路の勾配は，高低差を中心線に沿った水平距離で除して％で表記，すなわち水平距離100 m に対する高低差で表すことが多い．走行する車両にとっては水平が好ましいが，山岳地にあっては勾配を避けることはできず，一方で建設費用の面では急勾配のほうが距離を短くでき，有利である．近年自動車の性能が向上したとはいえ，性能的な限界，また逆に降坂時の運転者の恐怖心などを考慮すると，おのずと限度がある．また，路面排水の面から考えると，完全な水平よりわずかな勾配があることが有利であり，砂利道では1.5～2.0%，舗装道路では0.3～0.5%とされている．

3.4.1　道路勾配と自動車の登坂能力

最近の自動車は，路面が良好であれば20～30％の急勾配も登りうるが，そのとき速度は低下し，エンジンの負荷や燃料消費，タイヤの摩耗などで不利となる．また逆に，下り勾配では運転者が安心して運転操作を行い，確実に制動，停止ができる状態でなくてはならない．したがって，林道の設計にあたっては制限勾配としての最急勾配を定める必要があり，この値は自動車の安全走行，登坂能力，運転者の心理状態を考慮して理論的に決定しなければならない．

ここで，自動車の登坂能力について考えると，原動機より生ずる駆動力の大きさが自動車の走行に際して受けるいろいろな抵抗力の合力の大きさより大きいか，等しいか，小さいかという比較によって，その自動車が加速，等速，減速運動

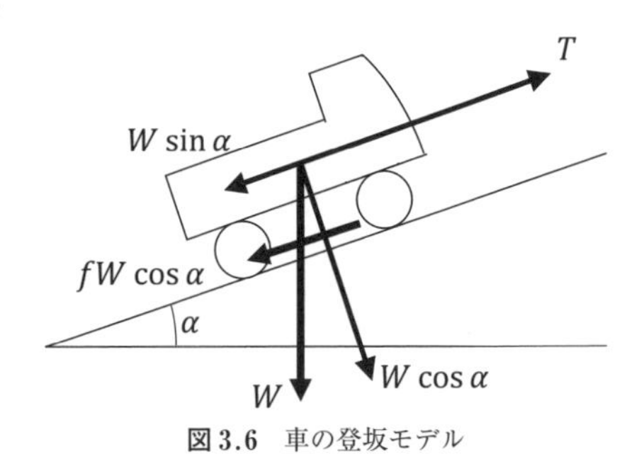

図3.6　車の登坂モデル

のいずれを行うかが決定される．加速または等速運動を行う場合を登坂可能とすると，駆動力 T および走行抵抗 R よりその条件は $T \geq R$ により表すことができる．

走行抵抗は，平坦部で発生する車輪の転がり抵抗と空気抵抗が主なものであり，登坂部においてはこのほかに勾配抵抗が加わる．一般に，自動車が傾斜角 α の坂を登る際の走行抵抗は式（3.7）で表される（図 3.6）．

$$R = W\sin\alpha + fW\cos\alpha + \lambda SV^2 \tag{3.7}$$

ただし，W：自動車の重量，f：走行抵抗係数，λ：空気抵抗係数，S：自動車の前面投影面積，V：走行速度である．

走行抵抗と自動車の駆動力により，急勾配の登坂の可能性を検討することができる．一般に，縦断勾配の制限値は普通トラックが設計速度のほぼ半分で登坂できるように定められている．規程第 20 条における縦断勾配の制限値はその路線の位置づけと設計速度によって区分されており，設計速度 40 km/時 の幹線および全支線においては 7%，幹線の設計速度 30 km/時以下である路線では 9% を基本として，適切な安全施設を設置することで 10 ～ 12% まで緩和される．さらに，やむを得ない区間については，設計速度 20 km/時以下の路線において 100 m 以内の区間に限り最大 14% まで可能とする特例を定めている．

3.4.2 縦 断 曲 線

縦断面の設計時に縦断勾配が変化する箇所には，自動車の走行時の衝撃を緩和し，前方の見通し（視距：後述）を確保する目的で縦断曲線を設置する．一般に縦断曲線には放物線，円曲線が採用されている．理論上は円曲線を用いるが，林道設計において取り扱う範囲では 2 次放物線で近似できるため，実務上は放物線を用いる．図 3.7 において 2 次放物線をあてはめ，A を縦断曲線の始点，B を終点，E を両勾配 i_1，i_2（%）の交点，EC，FB をおのおのの鉛直線とする．A 点からの水平距離を x，直線 AF から曲線 AB までの距離を y として，2 次放物線の関数の定数を k とすれば，$y=kx^2$ なる式をおくことができる．この式は $x=l$ において，

$$y = \overline{\mathrm{FB}} = \frac{i_1}{100}\cdot\frac{l}{2} + \frac{-i_2}{100}\cdot\frac{l}{2} = \frac{l}{2}\cdot\frac{i_1 - i_2}{100} = \frac{(i_1 - i_2)l}{200} \tag{3.8}$$

を満たすので，$k=(i_1-i_2)/200l$ となり，放物線は式（3.9）のようになる．

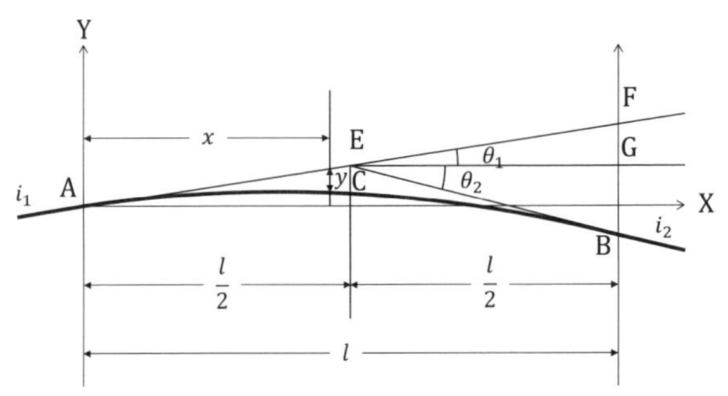

図 3.7 縦断曲線の説明

$$y = \frac{i_1 - i_2}{200l} x^2 \tag{3.9}$$

式（3.9）が求める放物線の式であり，凹型の場合も同様に適用できる．

縦断曲線の設置長 l および円曲線の半径 R は，規程第 21 条において設計速度ごとに定められた基準値を用いる．なお，縦断曲線の半径は式（3.10）のように縦断勾配の代数差から近似的に求めることができる．

$$R = \frac{100l}{i_1 - i_2} \tag{3.10}$$

規程で定められた値は曲線長 l が 20 ～ 40 m，曲線半径 R が 100 ～ 450 m と，道路構造令に示された公道の値と同等か，やや大きめの値が用いられている．ただし，両勾配の代数差が大きい（設計速度 40 km/時で代数差 8.8％より大，30 km/時のとき 12％より大，20 km/時において 20％より大）場合には式（3.10）で求めた曲線半径が規程の値を満たさなくなるので，逆算して曲線半径と勾配の代数差から必要な曲線長を決定する必要がある．

縦断曲線を測設する場合には，上述のように，まず曲線設定区間を決定し，その縦断勾配の代数差を求める．次に図 3.7 における距離 x に対する y の大きさを式（3.9）より求め，これに A 地点での計画高 h_0 を加えると，A 地点から距離 x の地点における計画高 h_x は式（3.11）により求められる．

$$h' = h_0 + \frac{i_1}{100} x, \quad h_x = h' - y \tag{3.11}$$

通常，5 m おきに h_x を求める．

3.5　林道の土工横断面

林道の土工横断面の形状は通常，排水の目的から横断勾配を設ける．この勾配の大きさは，道路中央部の路頂と路端を結ぶ勾配を百分率で表す．自動車の走行にとっては勾配は小さいほどよいが，路面の状況，縦断勾配，幅員，気象などを考慮してある限度内とすることが必要である．規程では第23条において，片勾配（3.5.1項参照）をつける場合を除いて，舗装道路で1.5～2.0%，砂利道にあっては側溝を設置している区間のみ5%以内の横断勾配の設置を求めている．アスファルトやコンクリート舗装の場合は排水の効果が確実であるから緩勾配でよいことになる．また砂利道の場合は側溝を必要な箇所を除いて設置せず，横断排水施設の活用により路面水を排水するものとしており，そのため側溝のない区間では横断勾配による横方向への排水の必要がなく，横断勾配も設けないものとされている．

横断勾配の形状は，屋根型直線形状を標準とするが，路頂を頂点とする放物線や双曲線も使用されている．砂利道の林道では施工の関係から幅員の狭い場合は屋根型直線形状とし，やや広くなるとかまぼこ形にすることが多い．

3.5.1　片　勾　配

曲線部を自動車が通過する場合は，遠心力によって外側へ押し出されようとする力がはたらくから，安全かつ快適に走行するためには適当な傾斜を横断面全体につける必要がある．これを片勾配という．いま曲線半径を R（m），自動車の速度を V（km/時），路面とタイヤの摩擦係数を f，片勾配を i とすれば，前掲の式（3.2）より次式（3.12）を得る．

$$V^2 = 127R(f+i) \quad \therefore i = \frac{V^2}{127R} - f \tag{3.12}$$

式(3.12)より片勾配を求めることができる．たとえば，$V=30$ km/時，$R=30$ m，$f=0.2$ とすれば，$i=0.036$，すなわち片勾配は3.6%となり，これらの条件で自動車は横滑りしないことになる．

3.5.2 合成勾配

縦断勾配と片勾配を合成した勾配を合成勾配という．急な縦断勾配と片勾配が組み合わさった場合には，路面にはより急な合成勾配が生じ，自動車の安全走行，積み荷の片寄り，曲線抵抗による車両抵抗の増大などの不都合が生じてくる．合成勾配は式（3.13）により示される．

$$S=\sqrt{i^2+j^2} \tag{3.13}$$

ただし，S：合成勾配，i：片勾配，j：縦断勾配である．

規程では，合成勾配は12%以下とし，1車線道路においてやむを得ない場合のみ14%を上限としている．これらの数値は，道路構造令による公道の制限をやや上回るものである．Sとiが決まっている場合の縦断勾配の上限も式（3.13）より逆算できる．

3.6 視　　距

視距とは，自動車の運転手が見通し可能な距離のことで，規程では車道の中心線上1.2 mの高さから当該車道の中心線上にある高さ10 cmの物の頂点を見通すことができる距離を，その車道の中心線に沿って測った長さと定義している．また交通安全上必要とされている視距を安全視距と称し，これには制動視距と避走視距がある．規程では，第19条で設計速度40～15 km/時に対応して40～15 m以上とし，設計速度30，20 km/時のときには必要な場合に交通安全施設などを設置して15 mでもよいことにしている．なお，鉄道との平面交差の場合については第25条に定めがある．

3.6.1 制動停止視距

自動車が路上の障害物を認め，制動によって停止できる距離を制動停止視距という．この視距D（m）は，障害物を認めてから制動が開始されるまでの時間t秒に走行する空走距離と，制動により車両が減速されて停止に至る制動距離からなり，式（3.14）で示される．後者は，速度V（km/時）で走行している車両の有するエネルギーが，制動による路面とタイヤの摩擦のためにすべて消費されるという条件より求められたものである．

$$D=\frac{V}{3.6}t+\frac{V^2}{2gf(3.6)^2} \tag{3.14}$$

ただし，g：重力加速度（m/秒^2），f：路面とタイヤの摩擦係数である．

たとえば $t=0.75$（秒），$f=0.45$ として，$g=9.8$（m/秒^2）を代入すれば，式（3.15）のようになる．

$$D=0.208V+0.00875V^2 \tag{3.15}$$

この式で，V に林道の設計速度 40 ～ 15 km/時を使用して計算すると，D はそれぞれ 22.3 m，14.1 m，7.7 m，5.1 m となる．

1 車線道路では，対向する車両が相互に相手を認めてから制動停止し，衝突を回避する必要がある．この場合の必要な視距は，理論上式（3.15）の 2 倍以上となり，式（3.16）のようになる．

$$D=0.417V+0.0175V^2+L_0 \tag{3.16}$$

ここで，L_0：安全上の余裕（m）であり，5 m である．

3.6.2 避走視距

自動車がすれ違うことができる幅員の場合は，前方に対向車を認めてハンドル操作により車体を回避させ，衝突を避けることが可能である．この場合の必要距離が避走距離である．D_1 を対向車を認めてハンドルを切るまでの走行距離とすれば，この反応時間は 1 秒程度と考えられているので，車両の走行速度 V（km/時）を用いて次式により与えられる．

$$D_1=V/3.6 \tag{3.17}$$

また，ハンドルを切りはじめてから避走を終わるまでの距離を D_2 とすれば，

$$\frac{D_2}{2}=\sqrt{R^2-\left(R-\frac{a}{4}\right)^2} \quad \therefore D_2=2\sqrt{R^2-\left(R-\frac{a}{4}\right)^2}=2\sqrt{\frac{Ra}{2}-\frac{a^2}{16}} \tag{3.18}$$

となる（図 3.8）．対向車も同一速度で同一運動をとるとすれば，避走距離 D は式（3.19）で表される．

$$D=2(D_1+D_2)=0.556V+4\sqrt{\frac{Ra}{2}-\frac{a^2}{16}} \tag{3.19}$$

ただし，V：自動車の速度（km/時），R：避走軌跡半径（m），a：すれ違い車両間隔（m）である．R と a については，R は一般道路では 10 ～ 65.6 m（10 ～ 50 km/時），a は 3.0～3.2 m（10～40 km/時）である．この値を 40, 30, 20 km/時の場合に計算する

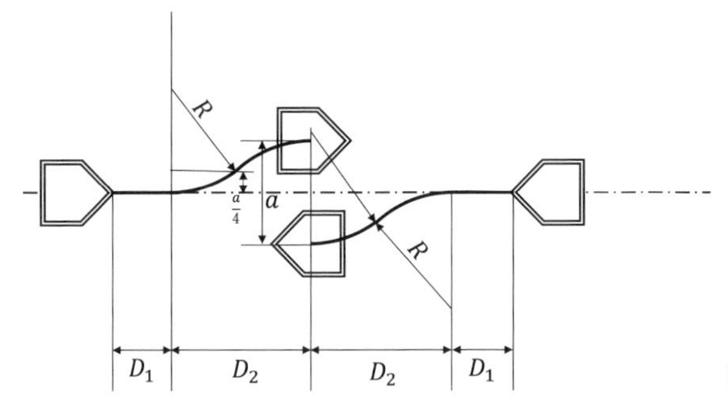

図 3.8　避走視距

と，それぞれ 53.8 m, 40.3 m, 26.7 m となる．

3.6.3　縦断曲線部における視距

縦断勾配の凸変化においても見通しは遮られる．図 3.9 に示すような場合，縦断曲線を放物線とすれば，安全に停止できる視距と縦断曲線長の関係は，i_1，i_2：縦断曲線前後の勾配，h_1，h_2：運転手の目の高さと路上の障害物の高さとし，幾何計算をして S_0 を式（3.20）のようにおく．

$$S_0 = \frac{2(\sqrt{h_1} + \sqrt{h_2})^2}{i_1 - i_2} \tag{3.20}$$

このとき，縦断曲線長と視距との関係から以下のようになる．

①車，障害物とも曲線内にある場合の視距 D_a は式（3.21）のようになる．

$$D_a = \sqrt{S_0 l} \tag{3.21}$$

②車と障害物がともに曲線外にある場合の視距 D_b は式（3.22）のとおり．

$$D_b = \frac{l + S_0}{2} \tag{3.22}$$

ただし，l：曲線区間長（m）である．

①の場合，$h_1 = 1.2$（m），$h_2 = 0.1$（m）とすれば，$\sqrt{h_1} + \sqrt{h_2} \approx \sqrt{2}$ であるから，縦断曲線半径を R とすれば，次式のとおり近似できる．

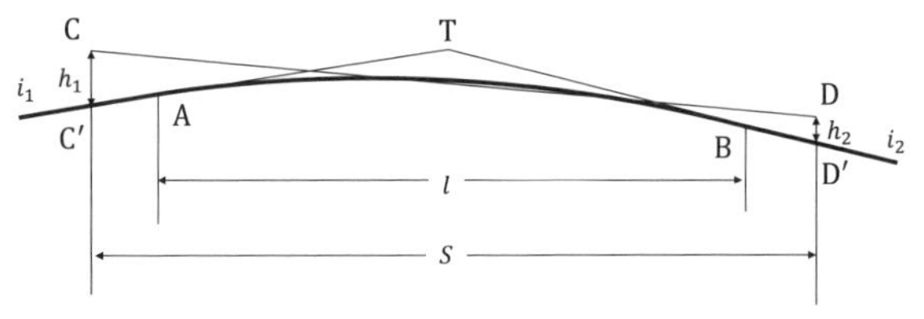

図 3.9　縦断曲線と視距

$$D_a = 2\sqrt{R} \qquad (3.23)$$

3.6.4 曲線部の安全視距

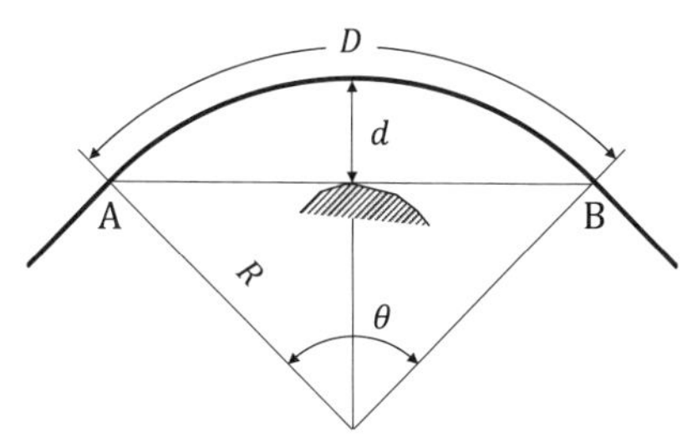

図 3.10　曲線部の安全視距

林道の場合，切取部の曲線部において小半径のため法面によって見通し線が遮られる場合がある．曲線部においては，図 3.10 のように道路中心線上に 1.2 m の高さで，制動停止視距 D に相当する視線 AB が確保されなければならない．この場合，道路中心から直角方向に障害物を排除する必要のある距離 d（m）は，式（3.24）で示される．

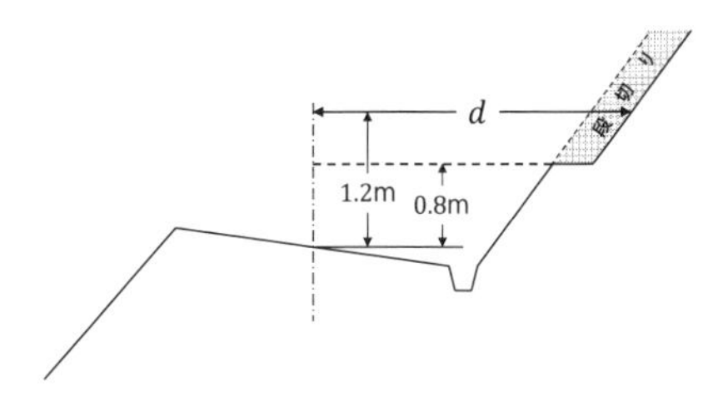

図 3.11　視距確保のための段切り

$$d = R\left(1 - \cos\frac{\theta}{2}\right) \qquad (3.24)$$

ただし，θ は半径 R の曲線上に弧長すなわち視距 D（m）を与えるときの中心角で，式（3.25）より求められる．

$$D = \theta' R = \frac{\pi}{180}\theta^{\circ} R = 0.017450\,\theta^{\circ} R \qquad (3.25)$$

なお，θ'：ラジアン単位，θ°：度数単位である．

曲線内側の法面の障害物は，図 3.11 のように少なくとも 0.8 m の高さで安全視距が得られるように段切りをしなければならない．草木の繁茂や土石の落下によって，必要な視距を遮らないためである．　［櫻井　倫］

演習問題

(1) 林道規程（2020（令和 2）年 3 月 31 日 元林整整第 1137 号林野庁長官通知，以下同）における，「自動車道 1 級」「自動車道 2 級」「自動車道 3 級」の違いについて説明しなさい．

(2) 林道規程における「第 1 種自動車道」と「自動車道 1 級」の違いについて説明しなさい．

(3) 林道の構造において，「全幅員」として示される部分に含まれる構成要素をあげなさい．

(4) 半径20 m曲線を走行する自動車が横滑りせず，安定して走行できる最高速度を求めなさい．なお，道路は砂利敷による舗装（摩擦係数0.5，横断勾配なし）とする．

(5) 設計速度30 km/時の道路において，登り勾配5％から下り勾配5％に変化するときの縦断曲線を計算し，5 mおきの計画高を求めなさい．

(6) 縦断曲線を設置する理由を2つあげなさい．

第4章

林道の測量設計

近年，測量技術は急速に発展している．GNSS 測量の技術や航空機レーザースキャナにより山間地域においても高密度DEM（digital elevation model）が使用可能となり，全国的に森林GIS も整備されてきている．また，無人航空機（unmanned aerial vehicle: UAV）や地上3D レーザースキャナを使用することにより，森林内外の状況も容易に観測することができるようになってきている．作図についても道路設計用のCAD を用いることにより，製図の技術がなくても設計図を描けるようになっており，土量計算まですべてコンピュータで計算可能である．

これらの技術を融合したCIM（construction information modeling，建設情報モデリング）により調査，設計，施工の流れについて3D モデルを中心とした情報をもとに組み立てていくことが，視覚的にも直感的にもわかりやすく，工事の説明のしやすさ，施工効率の向上に結びつき，今後の林道の測量設計においてもこれらの技術が積極的に活用されていくものと思われる．

しかし，最新の技術を使うにせよ，林道設計技術に対する基本的理解はもたなければならない．そこで，本章では林道の計画調査から現地における予備測量，実測量，設計図の作製，数量計算に至る，従来の方法による林道の測量設計の全体作業の流れ（図4.1）について説明する．

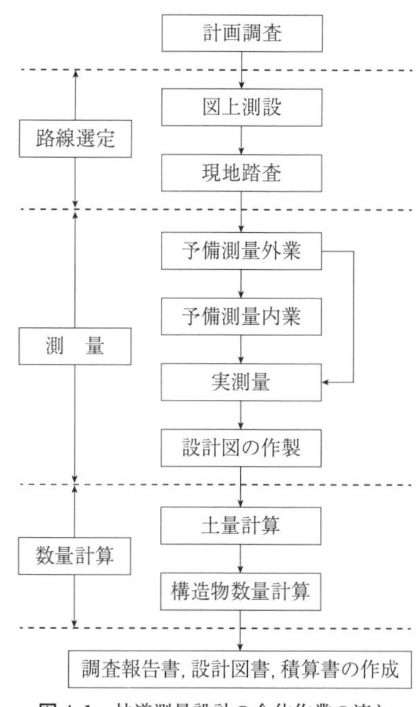

図4.1　林道測量設計の全体作業の流れ

4.1　林道の計画調査と踏査

4.1.1　計 画 調 査

林道の計画調査は具体的に林道路線の測量設計を行う前に計画方針を決定するための調査であり，既存の資料を用いて林道の種類，構造，起点・終点，主要通過地点などの路線の概略を決定するものである．計画調査では，①路線の開設目的，概略路線の設定，規格構造の選定などにかかわる「事前検討」，②計画路線の路網整備地域を含む市町村の人口，産業，土地利用などにかかわる「社会的特性調査」，③「森林施業調査」，④「法令・規制」，⑤林道の利用区域内におけるほかの既設道路（国道，都道府県道，市町村道，農道など）および計画にかかわる「地域路網調査」，⑥野生生物，景観にかかわる「環境調査」，⑦「山地保全調査」が行われる．

4.1.2　路線選定と図上測設

路線選定は，通過地点によって経済性，森林施業の効率などに大きな影響を及ぼすため，図上で路線比較を行いながら慎重に選定する必要がある．その際，とくに注意すべき点は自動車走行の安全性であり，視距の確保は当然であるが，曲線半径の小さな複合曲線やS字曲線はできるだけ避けることが望ましい．平面線形，縦断線形の急激な変化は運転操作を複雑にさせるだけでなく，運転者へのストレスも増大させるため，両線形のバランスをつねに保つことが求められる．

図上測設は計画調査をもとに，できるだけ大縮尺の地形図を用いて比較路線も含めて3路線程度の位置を図上に設定し，平面線形と縦断線形を検討する．

1：5000以上の大縮尺で等高線間隔の小さい地形図（森林基本図や市町村の都市計画図など）を用意して，計画調査で決定した路線の起点，終点，主な通過地点（土場，支線との分岐点，架橋地点，峰越の鞍部など）を設定し，空中写真，地質図などを併用して地形図だけでは判断できない地質，微地形などを補正する．補正した地形図の等高線間隔 H（m）から等高線間の予定延長 L（m）を次式により求める．予定縦断勾配 S（%）は，適用する最急勾配の範囲で地形，地質などを考慮して決定する．林道の迂回率 η は，類似路線の実態（実長 b'，図上長 b）などをもとに求める．

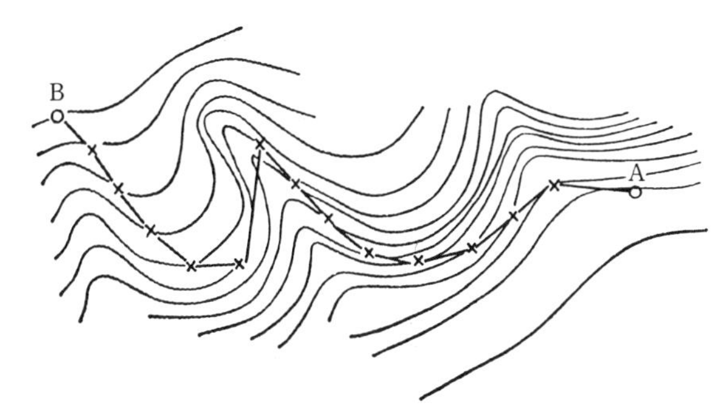

図 4.2 図上路線選定法（小林, 2002, p. 24）

$$L = \frac{H}{S}\eta \times 100, \quad \eta = \frac{b'}{b} \qquad (4.1)$$

平面線形は図 4.2 のように折れ線で示すが，曲線部の半径の検討が必要な場合は図化によって確認する．

4.1.3 現 地 踏 査

現地踏査は，図上測設された路線をもとに計画調査の各項目，図上測設の検討事項について現地で確認するとともに，通過地点の設定，比較路線の選択を行う．現地確認は路線周辺のできるだけ広い範囲にわたり行うものとし，地形，地質などの自然条件，林況，保全施設などの施設計画を確認する．また，路線通過予定線を現地においてハンドレベル，エスロン巻尺などを用いて，縦断勾配，予定延長を測りながら，路線が現地に適合するか否かを判断する．

路線選定は林道の開設工事費にもっとも大きく影響するので，計画策定の基本方針，予定延長，概略設計による経済性，施工の難易度を比較して，総合的判断に基づいて予定路線を選定する．

4.2 予 備 測 量

4.2.1 外　　業

図上測設および踏査により決定した区間ごとの予定縦断勾配をもとにハンドレベル，ポールを用いて勾配杭により予定施工基面高を設定する（図 4.3）．勾配杭には赤色のテープを結び，前後の位置関係が明確になるように設置する．また，エスロン巻尺などにより杭間距離を測定する．勾配杭の間隔は，直線区間では長

表 4.1　予備測量野帳

測点	水平角 または方位角	高低角	斜距離	水平距離	鉛直距離	横断面傾斜角		備考 (測点間の地形，地質など)
						左	右	

くてもよいが，曲線区間は短くすることが望ましい．ここで熟練者は次の外業および内業を省略して，実測量を行う．

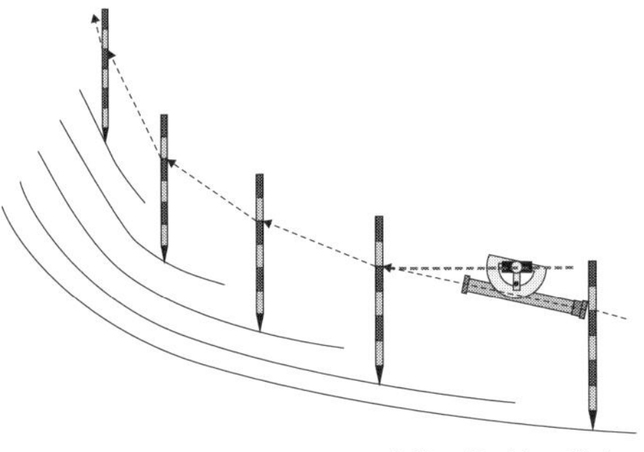

図 4.3　ハンドレベルによる予定施工基面高の設定

予定施工基面高に沿って折れ線による中心線をもとに 20 m から 40 m 程度の距離で仮測点（予測杭）を設置し，4 級基準点測量に基づいてトラバース測量を行い，それぞれの仮測点の座標値を求める．予備測量野帳の例を表 4.1 に示す．

路線沿いの地形を把握するために，とくに谷や尾根，急激な地形の変化のある個所では地形測量を行い，また，仮測点ではポールあるいはハンドレベルで横断測量を実施して概略地形図（1：1000）を作成する．

4.2.2　内　　業

概略地形図に仮測点を座標値により挿入して，路線全体の線形および各種構造物との関連を勘案しながら交点（intersection point: I.P.）を選点する（図 4.4）．円曲線の曲線半径およびクロソイド曲線のパラメータを検討して，円曲線，クロソイド曲線を図上に設置する．1 車線の場合は円曲線のみを用いることが多いが，その際できる限り複合曲線，S 字曲線にならないように注意する．さらに 20 m ご

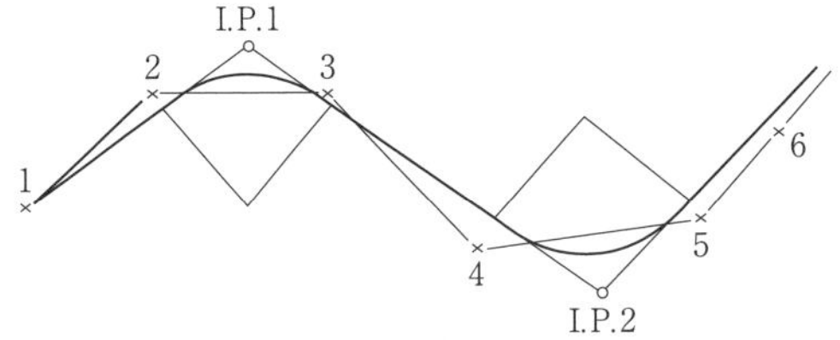

図 4.4　仮測点と I.P. 選点（小林，2002, p. 26）

とに測点を図示するとともに後述の交角法などにより始曲点（beginning of curve: B.C.），曲中点（middle of curve: M.C.），終曲点（end of curve: E.C.）などの必要点を図示し，図上に設置した各点の座標値を算出する．

4.3 実　測　量

4.3.1 測量器械の選定と測量杭

I.P. 測量および中心線測量のトラバース測量は 4 級基準点測量を基本とするため，最小読定値 20 秒の 3 級セオドライト，3 級トータルステーション（以下，TS とする）を使用する．ただし，地形の状況やその他やむを得ない事由のある場合は，30 分読み望遠鏡つきコンパスを用いることができる．縦断測量はオートレベルと標尺を使用する．横断測量はオートレベルまたはセオドライト，TS を使用するが，1 車線の場合は水準器つきポールを 2 本組み合わせたポール横断測量を行う．

測量杭は，測点杭（番号杭，ナンバー杭），プラス杭（中間杭），交点杭（I.P.），曲線杭（B.C.，M.C.，E.C.），引照点杭（見出杭）などとして，必要事項を書き込む．交点杭はとくに重要なので杭頭を赤く塗っておく（図 4.5）．

4.3.2 I.P. の選点

予備測量で設置した勾配杭を指標として I.P. 選点を行い，中心線測量，縦断測量，横断測量など必要な実測量を行う．

予備測量にて内業により I.P. を図上測設した場合は，概略地形図に従い I.P. を現地に設置して，中心線測量，縦断測量，横断測量など必要な実測量を行う．この際，図上で決定した I.P. は絶対的なものでなく，現地にて前後の I.P. の見通しや路線の中心線として問題がないか，I.P. の打設，測量器械の設置の難易度など十分に検討して，適切でない場合は修正して決定する．とくに平面線形，縦断線

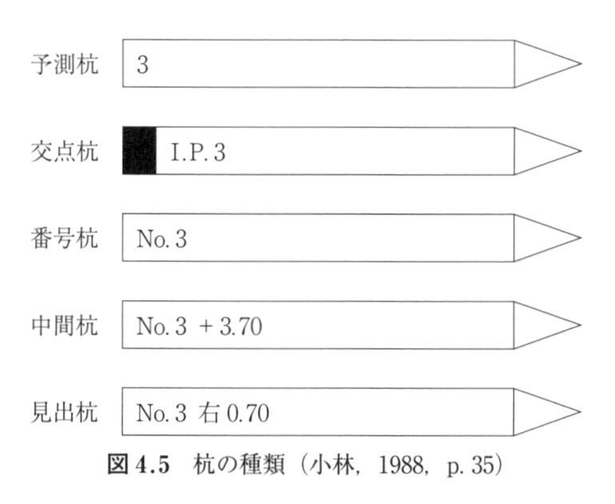

図 4.5 杭の種類（小林，1988，p. 35）

形の急激な変化をできるだけ避けた位置とすることが望ましい．I.P.間の距離は30 mから50 mが望ましく，交点杭の移動，紛失の恐れがある場合は引照点を設置する．

4.3.3　中心線測量

中心線測量は林道規程に定める車線に関する平面線形，縦断線形，横断線形の各要素に適合する直線および曲線の中心線に測点杭，プラス杭，曲線杭（プラス杭を兼ねることができる）を設置して，平面線形を明らかにするものである．

曲線の設定には円曲線，クロソイド曲線を用いる．円曲線を挿入する場合，交角法を用いて曲線杭を設定する．また曲線中の測点杭，プラス杭などは偏角法，接線オフセット法などを用いて設定する．中心線測量の結果は平面測量野帳（表4.2）に記しておく．

a.　交角法

交角法は図4.6に示した接線長（tangent length: *T.L.*），外接長（secant length: *S.L.*），曲線長（curve length: *C.L.*）を求め，B.C.，M.C.，E.C.を設定する．

図4.6をみると，交角（intersection angle: I.A.）θは円曲線の円弧の中心角と等しくなる．また，円弧はI.P.測線の内接円になることから，接点におけるI.P.測線と接点と曲線の中心を結ぶ線が直角になるため，B.C.，E.C.を決定する接線長*T.L.*，M.C.を決定する*S.L.*が容易に求められる．曲線長*C.L.*は中心角θにおけ

表4.2　平面測量野帳（小林，2002，p. 27を改変）

交点 I.P.	水平距離	交角	内角	半径 *R*	接線長 *T.L.*	外接長 *S.L.*	曲線長 *C.L.*	測点 種類	測点 区間距離	測点 追加距離	備考
B.P.	0.00	—	—	—	—	—	—	B.P.	0.00	0.00	
								B.P.+5	5.00	5.00	⊕杭
								No.1	15.00	20.00	
								BC1	17.62	37.62	
								No.2	2.38	40.00	
1	50.00	54°30′	125°30′	25	12.88	3.12	23.78	MC1	9.51	49.51	⊕　杭 暗渠
								No.3	10.49	60.00	
								EC1	1.40	61.40	
								No.4	18.60	80.00	
								No.4＋6	6.00	86.00	⊕杭
								BC2	11.31	97.31	

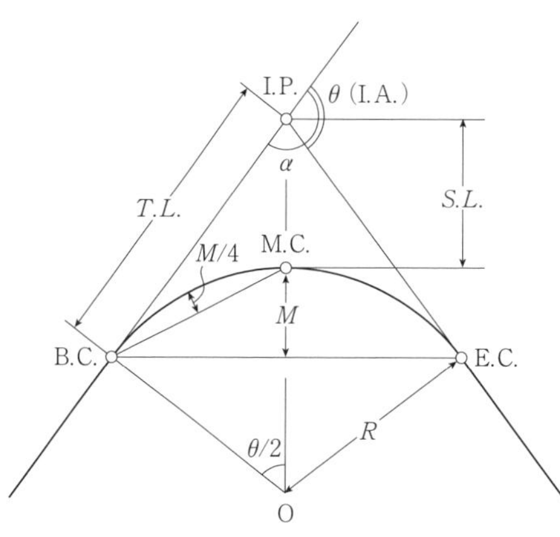

B.C.：始曲点(beginning of curve)
M.C.：曲中点(middle of curve)
E.C.：終曲点(end of curve)
I.P.：交点(intersection point)
T.L.：接線長(tangent length)
S.L.：外接長(secant length)
C.L.：曲線長(curve length)
M：中央縦距(middle ordinate)
R：曲線半径(radius)
θ (I.A.)：交角(intersection angle)
α：内角($180° - \theta$)

図 4.6　交角法（小林，2002，p. 28 を改変）

る円弧の長さである．円曲線の曲線半径を R とすると，*T.L.*，*S.L.*，*C.L.* は次のように求められる．

$$\tan\frac{\theta}{2} = \frac{T.L.}{R} \quad \therefore T.L. = R\tan\frac{\theta}{2} \tag{4.2}$$

$$\cos\frac{\theta}{2} = \frac{R}{S.L.+R},\quad S.L.+R = R\sec\frac{\theta}{2} \quad \therefore S.L. = R\left(\sec\frac{\theta}{2} - 1\right) \tag{4.3}$$

$$C.L. = 2\pi R\,\frac{\theta}{360°} \tag{4.4}$$

b.　偏角法

偏角法は図 4.7 に示したとおり，B.C. もしくは E.C. からの偏角 α および弦長 S を計算で求めることにより曲線中の測点を設定する．曲線中の点を P とすると，カーブの円弧をなす円は三角形の外接円となり，中心角が 180° となるため円周角 ∠APB はつねに直角となる．円周上の A 点における三角形の内角を α とすると，中心角は 2α となる．また，P から I.P. 測線に垂線の足を下ろした点を X，B.C. を B とすると，△BXP∽△APB であるから偏角 α を導き出せる．ここで円弧 l をみると，中心角 $2\alpha = l/R$（ラジアン）となる．したがって，度数法表示にすると，

$$\alpha = \frac{l}{2R} \times \frac{180°}{\pi} \tag{4.5}$$

となり，△APB から

$$\sin\alpha = \frac{S}{2R} \quad \therefore S = 2R\sin\alpha \tag{4.6}$$

となる．

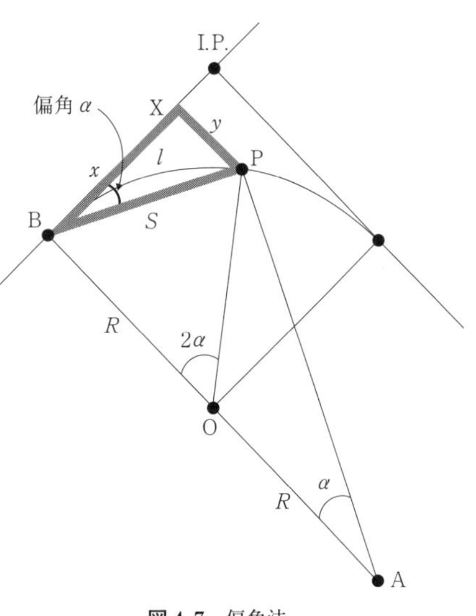

図 4.7　偏角法

c.　接線オフセット法

接線オフセット法は，I.P. 測線から支距測量により曲線上の測点を測設する方法である．I.P. 測線を X 軸，直交方向を Y 軸とすると，偏角法の図 4.7 から

$$x = S\cos\alpha \tag{4.7}$$

式（4.6）から

$$x = 2R\sin\alpha\cos\alpha = R\sin 2\alpha \tag{4.8}$$

となる（倍角公式 $\sin 2\alpha = 2\sin\alpha\cos\alpha$ による）．同様に

$$y = S\sin\alpha = 2R\sin^2\alpha \tag{4.9}$$

となる．したがって，障害物などにより偏角法で測設できなかった場合などに用いることができるので偏角とオフセット値を求めておくとよい．

d.　複合曲線，S 字曲線の設定

やむを得ず複合曲線，S 字曲線を設定する場合は図 4.8 に示したとおり，両円曲線の I.P. および複合曲線接続点 PCC，S 字曲線接続点 PRC を設定し，それぞれの交角 θ_1，θ_2 と $T.L._1$，$T.L._2$ を測定し，それぞれの曲線半径を次式で求めて，番号杭，曲線杭などを交角法，偏角法などを用いて測設する．

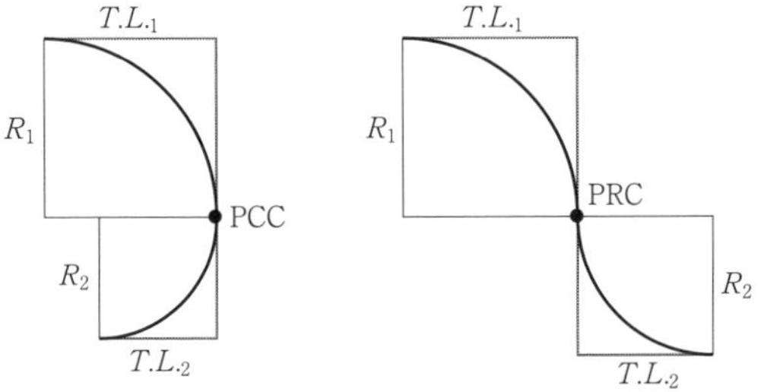

図 4.8　複合曲線と S 字曲線

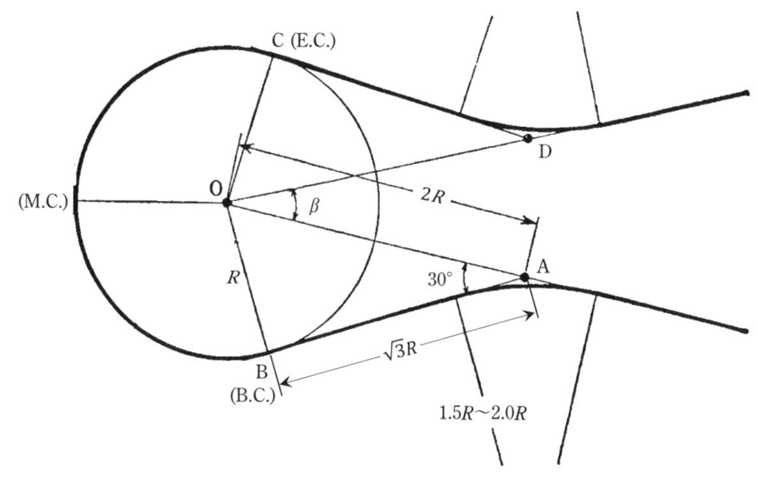

図 4.9　ヘアピンカーブ（小林，2002，p. 31 を改変）

$$R_1 = T.L._1 \cot \frac{\theta_1}{2},\quad R_2 = T.L._2 \cot \frac{\theta_2}{2} \tag{4.10}$$

e.　ヘアピンカーブの設定

ヘアピンカーブの設定にはさまざまな方法があるが，ここでは図 4.9 に示したように中心を O とするヘアピンカーブと，それと連続する交点を A，D とする単曲線の 3 つの単曲線で設定する簡便な方法について説明する．ヘアピンカーブの曲線半径を R，さらに連続する 2 つの単曲線の交角を 30° とすると OA，OD はそれぞれ $2R$，AB，CD は $\sqrt{3}R$ となる．ヘアピンカーブと単曲線の間に 15 m 程度の直線区間を設けるとすると，ヘアピンカーブの曲線半径 12 m の場合，連続する単曲線の曲線半径を $1.5R = 18$ m とするとこの距離を確保できることから，連続する単曲線の曲線半径を $1.5R \sim 2.0R$ 程度にするとよい．ヘアピンカーブの曲線長 $C.L.$ は

$$C.L. = 2\pi R\,\frac{360° - (\beta + 120°)}{360°} \tag{4.11}$$

となり，ヘアピンカーブ中の測点は円弧の長さに対する中心角を計算で求めて測設する．

f.　緩和曲線（クロソイド曲線）

2 車線を有する第 1 種 1 級および第 2 種 1 級自動車道では直線と円曲線の間に

緩和曲線が用いられる．林道ではクロソイド曲線（図 4.10）が用いられる．

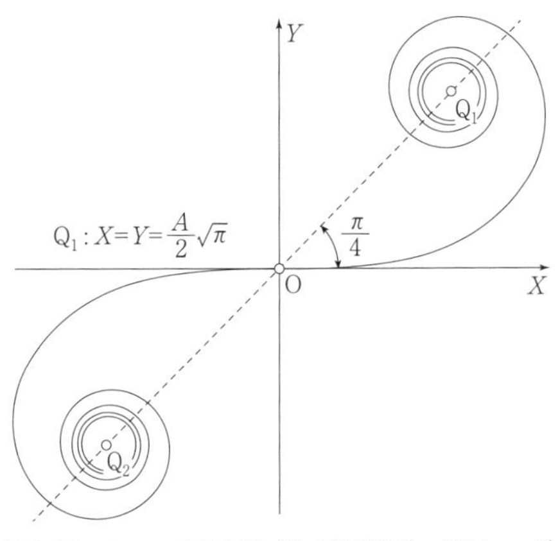

図 4.10　クロソイド曲線（日本道路協会，1974，p. 8）

クロソイド曲線は自動車の速度が一定で，ハンドルを切る角速度が一定の場合に自動車の進む軌跡となり，円半径 R，クロソイド曲線長 L，パラメータ A とすると $RL=A^2$ で表すことができる．ここで $A=1$ とおくと，$RL=1$ となり，この式の関係にあるクロソイド曲線を単位クロソイドという．

$RL=1$ を $(R/A)(L/A)=1$ と変形し，$(R/A)=r$，$(L/A)=l$ とおくと，$rl=1$ となる．ここで，r を単位クロソイド半径，l を単位クロソイド曲線長という．

したがって，$R=Ar$，$L=Al$ となり，パラメータ A が大きくなるとクロソイド曲線の曲がり方が曲線長 L に対してゆるやかになることが示される．クロソイド曲線は原点から曲線長 L に比例して曲率を $0 \sim 1/R$ に増加しつつ，円曲線につながる．

クロソイド曲線を測設するためのクロソイド要素を図 4.11 に示す．

KA（klothoide anfang）：クロソイド始点 O（0，0）

KE（klothoide ende）：クロソイド終点 P（x，y）

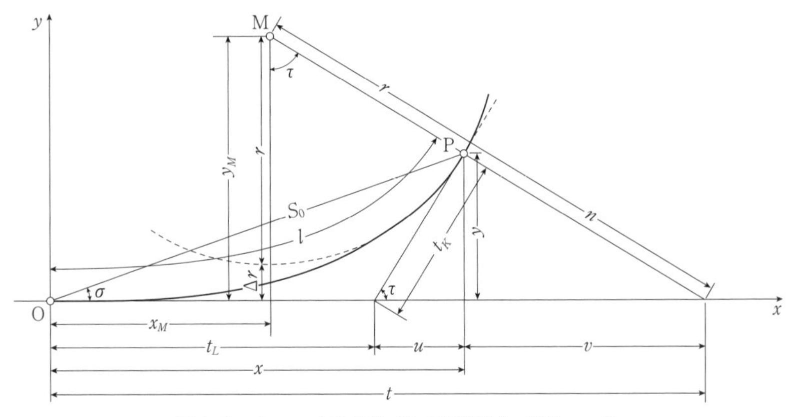

図 4.11　クロソイド要素（日本道路協会，1974，p. 3）

表 4.3 クロソイド曲線のパラメータ A

設計速度 V	高速道路 $p=0.345$	道路構造令 $p=0.6$	林道など $p=0.775$
140	400	300	
120	325	250	
100	250	200	
80	180	140	
60		90	80
50		70	60
40		50	40
30		35	30
20			15

M：クロソイド曲線の曲率中心 M（x_M, y_M）

τ：KE の接線角

σ：KE の極角

$\varDelta r$：移動量（シフト） $\varDelta r = y_M - r$

T：接線角

t_K：短接線長

t_L：長接線長

S_0：動径

n：法線長

クロソイド曲線のパラメータ A は，$R/3 \leqq A \leqq R$ の範囲であることが望ましいとされており，設計速度と道路の許容最大遠心加速度変化率 p によって表 4.3 のように分けられている．

緩和区間の拡幅のすりつけは，直線でもよいが一般的には高次元の放物線が用いられる．求める任意の点の拡幅量を W_i，円曲線の拡幅量を W，任意の点までのクロソイド曲線長 L_i とすると

$$W_i = \left\{ 4\left(\frac{L_i}{L}\right)^3 - 3\left(\frac{L_i}{L}\right)^4 \right\} W \tag{4.12}$$

で求められる．

4.3.4 縦 断 測 量

縦断線形や工事土量の計画の際に道路の進行方向における地形の凸凹を求める

必要がある．すなわち，中心線測量により打設したすべての測量杭について地盤高を求めるために水準測量を行う．これを路線測量においては縦断測量という．縦断測量ではオートレベルと標尺を用いる．縦断測量の段階では測点間の見通しはある程度確保できているので器高式を用いて行い，往復水準測量を基本とする．路線長 S（km）における許容誤差は，$40\sqrt{S}$（mm）である．

器高式水準測量の手順は次のとおりである（図4.12）．

①林道の起点付近に仮基準点（benchmark: B.M.）を設定する．基準点が近傍にあれば使用するが，ない場合は地形図などから概略値を設定する．

②後視（backsight: B.S.）を観測して器械高（instrument height: I.H.）を求める．

③前視（foresight: F.S.）を観測して，器械高から前視を引くことにより地盤高（ground height: G.H.）が求められる．

器高式では器械を設置してみえる測点はすべて同時に観測を行い，測点がみえなくなったら器械を移動（もりかえ）する．器械を移動する直前の測点を移器点（もりかえ点，turning point: T.P.）という．

4.3.5　横断測量

林道の路体構造を決定し，工事土量を求めるため，中心線測量により打設したすべての測量杭において進行方向と直角方向（曲線では接線に対して直角方向）

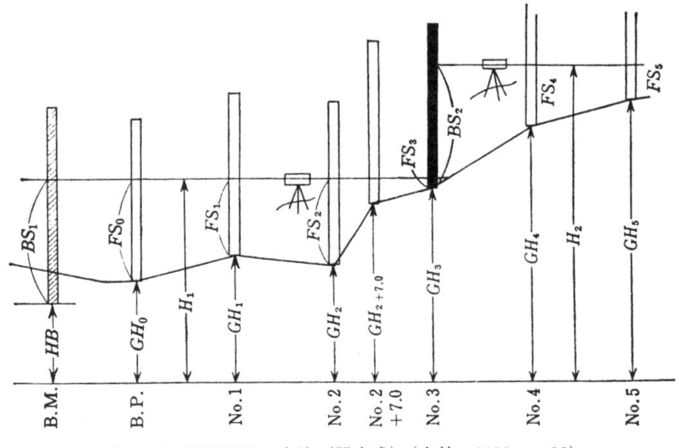

図4.12　縦断測量の方法（器高式）（小林，2002，p. 32）

表 4.4 横断測量野帳（小林，2002，p. 33 を改変）

左方					測点	右方					備考
0.0/2.0	0.0/2.0	0.0/2.0	0.0/2.0	0.0/2.0	B.P.	0.0/2.0	0.0/2.0	0.0/2.0	0.0/2.0	0.0/2.0	各測点の土質歩合あるいは岩盤までの深さ
0.6/2.0	0.6/2.0	0.8/1.8	1.8/2.0	0.3/1.0	B.P. + 5	− 0.3/2.0	− 0.3/2.0	− 0.5/2.0	− 1.5/2.0	− 1.5/2.0	〃
2.0/2.0	2.0/2.0	1.0/1.5	1.0/1.5	0.3/2.0	No.1	− 0.5/2.0	− 0.7/2.0	− 1.3/2.0	− 1.5/1.5	− 1.9/1.5	〃
1.0/2.0	1.0/2.0	1.2/1.5	1.1/1.5	1.1/1.6	No.2	− 1.2/1.5	− 1.0/2.0	− 1.8/1.5	− 1.5/2.0	− 1.2/2.0	〃

の断面の形状を明らかにする必要がある．これを横断測量という．

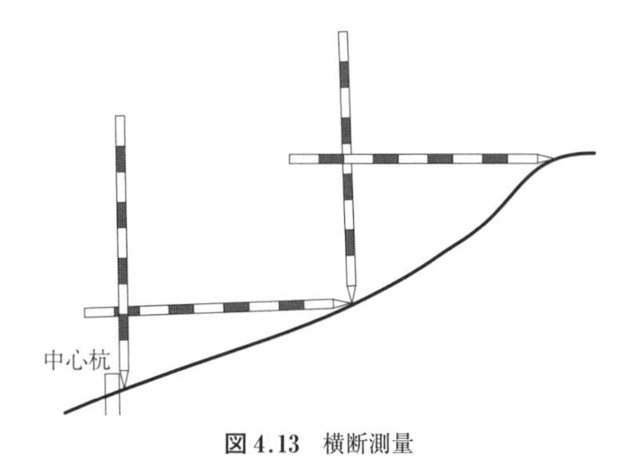

図 4.13 横断測量

2 車線を有する第 1 種 1 級，第 2 種 1 級自動車道ではオートレベルを用いて水準測量を行う．各測量杭において進行方向に対し右側，左側に分けて器高式を採用する．地形の変化点に標尺を立てて標高を求め，距離は測量杭からの追加距離を巻尺により cm 単位で測定する．急傾斜地での測量になる場合はハンドレベルを用いた簡易的な方法をとる場合もある．

1 車線の自動車道の場合はポール横断測量を行う．図 4.13 のように水準器つきのポールを直角に 2 本組み合わせて，測点杭から水平距離 2 m ごとの高低差を 10 cm 単位で記録する．明確な地形の変化点がある場合は細かく測量する．野帳の記載は表 4.4 のように測点杭から進行方向に向かって右側，左側に分けて，区間ごとに分数で記録する．分母を水平距離（m），分子を鉛直距離（m）とする．いずれの場合も測量範囲は道路用地幅（片側 10 m 程度）とする．

4.4 設計図の作成

設計図は実測量，用地測量などの成果に基づき，路線の平面図，縦断面図，横断面図を作図する．設計図の種類および縮尺は表 4.5 に示した．

表 4.5 設計図の種類と縮尺

設計図名	縮 尺	摘 要
位置図	1：50000 以上	地形図などを利用する.
平面図	1：1000	詳細平面図は 1：200 ～ 1：500 とする.
縦断面図	縦 1：100 or 1：200 横 1：1000 or 1：2000	
横断面図	1：100 or 1：200	
構造物図 (排水施設図, 擁壁図など)	一般図 1：100 構造図 1：50 詳細図・展開図 1：20	構造物ごとに一般図, 構造図, 詳細図・展開図に区分する.
道路標準図	1：10 ～ 1：100	土工標準図と構造物標準図に区分する.

4.4.1 位 置 図

位置図は 1：50000 以上の地形図を用いて, 林道整備地域, 利用区域, 調査路線, 既設路線, 道路調査などに基づく地域交通網について明示する.

4.4.2 平 面 図

平面図は, 中心線測量の結果に基づき平面線形を明示するとともに, 横断測量, 詳細測量による周囲の地形, 地物の位置関係を明示する. 平面図の縮尺は 1：1000 とし, 詳細平面図は 1：200 ～ 1：500 とすることができる.

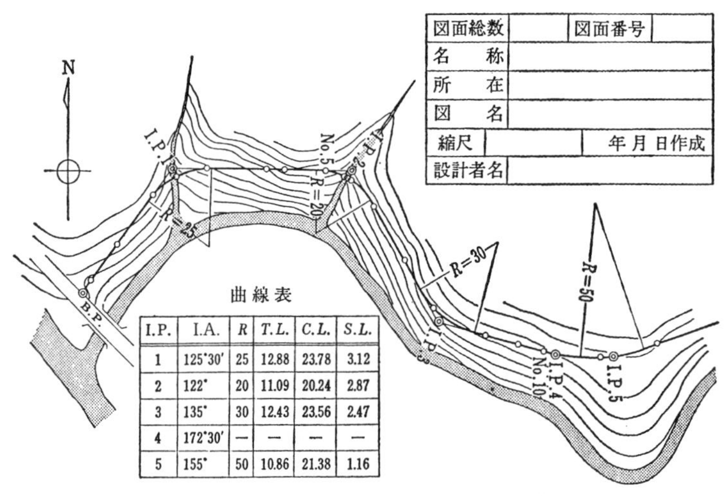

I.P.	I.A.	R	T.L.	C.L.	S.L.
1	125°30′	25	12.88	23.78	3.12
2	122°	20	11.09	20.24	2.87
3	135°	30	12.43	23.56	2.47
4	172°30′	—	—	—	—
5	155°	50	10.86	21.38	1.16

図 4.14 平面図（小林, 2002, p. 35 を改変）

平面線形はI.P.の位置，曲線，幅員，構造物，待避所，車まわしなどを図示するほか，起点，終点，測点杭，曲線杭，プラス杭などを明示し，図中の余白に曲線に関する交角I.A.，曲線半径R，$T.L.$，$S.L.$，$C.L.$などの諸元を曲線表に整理して記す（図4.14）．

4.4.3 縦断面図

縦断面図は平面線形の測点杭，曲線杭などと縦断測量の地盤高を基準として，以下に示す施工基面の選定条件を十分に勘案して施工基面を決定し，縦断曲線を設定して縦断線形を明示する．

施工基面の選定条件は，①できるだけ切土量と盛土量が最小で均衡し，切土区間と盛土区間が交互に出現する縦断勾配を設定する，②路面洗掘の恐れがある区間は緩勾配とするが，自然排水のため最小勾配は0.5%以上とする，③勾配変化点は曲線部，盛土が大きい区間，構造物設置区間を避ける，④森林施業上必要とする土場や作業道の取りつけを十分に考慮することなどがあげられる．施工基面の検討は全体の路線の良否，工事費を左右するのでもっとも気をつけなければな

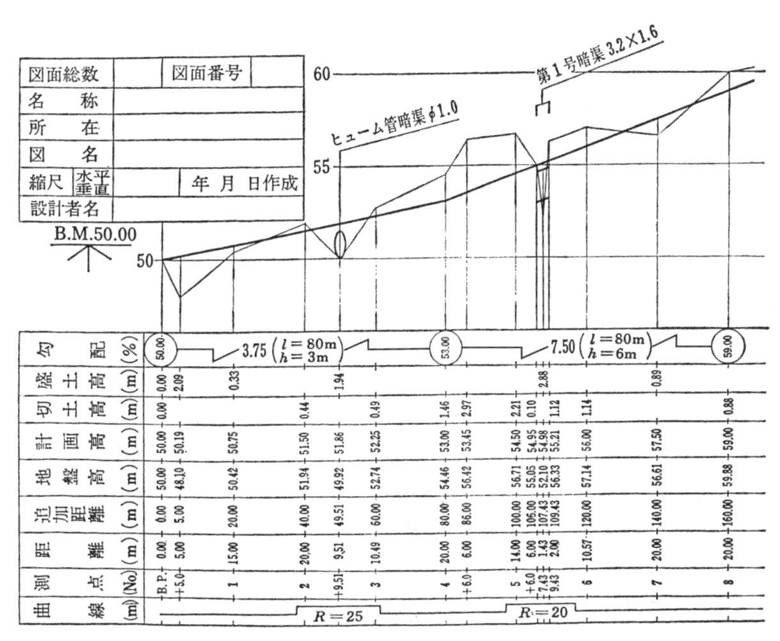

図4.15 縦断面図（小林，2002，p. 35を改変）

らない事項である.

縦断面図の縮尺は水平距離を1：1000あるいは1：2000として，地盤高は水平距離の10倍，すなわち1：100あるいは1：200とする．縦断面図の下には縦断線形に関する測点，地盤高，施工基面高，勾配変化点と縦断勾配およびその間の距離，切土高，盛土高，区間距離，追加距離，平面線形の方向線（曲線）と曲線半径などを表に示す（図4.15）.

4.4.4 横断面図

横断面図は平面線形上の測点を基にして横断測量の結果に基づく地山線を図示し，縦断面図に示された切土高，盛土高および土質調査による土質区分から，所定の構造を有する横断線形，土質区分を明示する．横断面図の縮尺は1：100あるいは1：200とする.

横断線形は測点における地山線，施工基面高を基準として車道，路肩，拡幅，

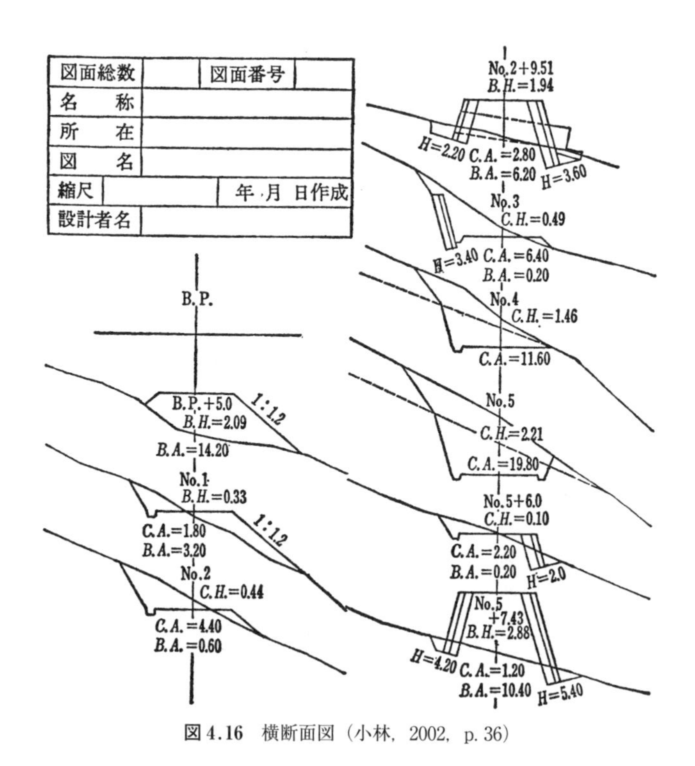

図4.16　横断面図（小林，2002，p. 36）

側溝，法面，擁壁などの構造物などを道路標準図に従って図示し，必要に応じて路面勾配および片勾配を図示する．土質区分は土質調査の結果に基づき，線区分によって表示する．

横断線形には，測点，測点における切土高（cutting height: C.H.）もしくは盛土高（banking height: B.H.），土質区分別の切土面積（cutting area: C.A.）および盛土面積（banking area: B.A.），構造物の名称・延長・形状・寸法など，標準図に示されていない法勾配などの数値を表示する（図 4.16）．

4.4.5 道路標準図

道路標準図は土工標準図（土工定規図），構造物標準図に分けられ，共通する基本的な形状，寸法，断面などを明示するものである．土工標準図は路面勾配，片勾配，車道，路肩，側溝，ステップ，小段，土質区分別の法勾配，路盤工，舗装工などのほか，必要に応じて曲線部の拡幅，待避所，車まわしおよび縦断曲線などの形状，寸法を明示する（図 4.17）．構造物標準図は法面保護工，排水施設，擁壁，ガードレール，標識などの基本的な形状，寸法，断面などを明示する（図 4.18）．

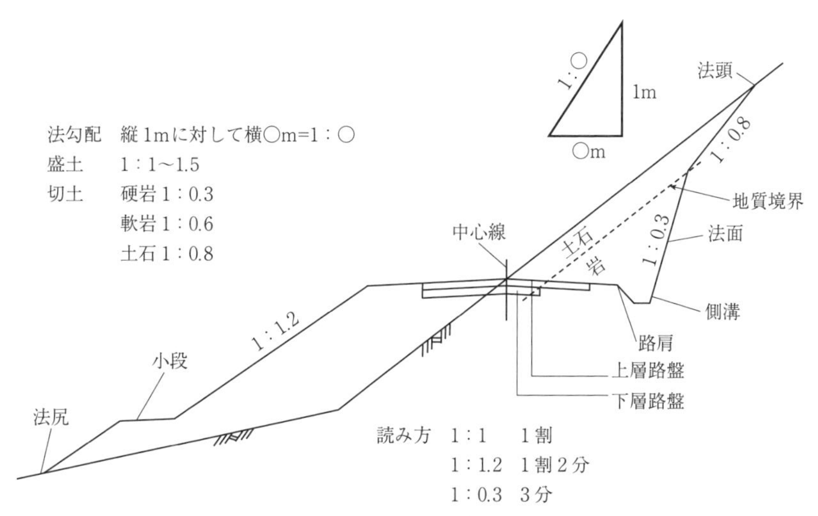

図 4.17　土工標準図

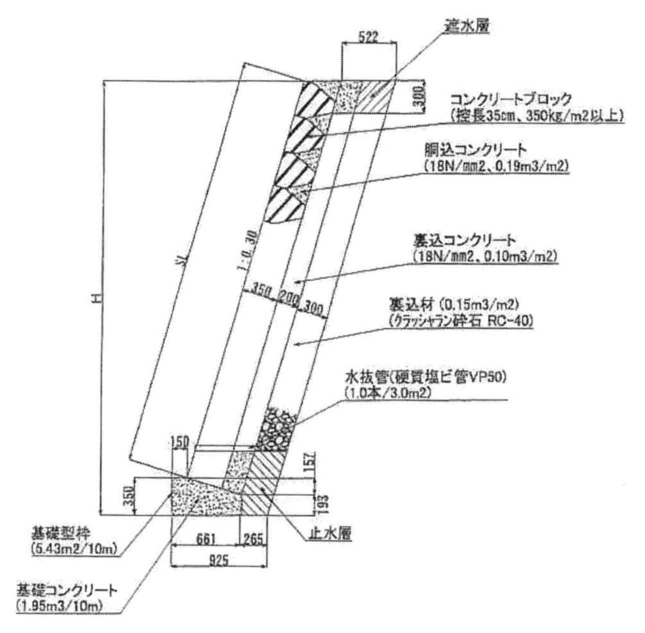

図 4.18　構造物標準図

4.5　工事数量の算定

林道工事における工種区分には，伐開，切土・盛土，路面工，路盤工，排水工，法面保護工，擁壁工などの構造物工があげられる．設計積算などに必要な工種，区分または細分ごとの設計数量は，実測量および計画調査の資料，設計図などをもとに計算し，それぞれの数量計算書を作成する．

4.5.1　土 量 計 算

土量の計算は，関係設計図などをもとに，切土，盛土，残土などに区分し，土量の変化，損失控除などを考慮して，床掘，崩土，埋戻土なども含めて適正な土量の配分を行う．切土・盛土では土質区分別の数量計算書のほかに，残土，運搬盛土の距離別の数量を算出しなければならない．

土量計算は隣接した断面において平均土量を求めて積算を行う．この方法を両端断面平均法（平均断面法，図 4.19）という．隣接した断面の切土，盛土を別に考え，それぞれの測点における断面積の平均値に区間距離をかけて区間土量を求める（表 4.6）．計算に用いる区間距離は基本的には測点間の距離とするが，曲線部分には注意が必要で，とくに交角が 90° 以上かつ曲線半径が 20 m 未満，あるい

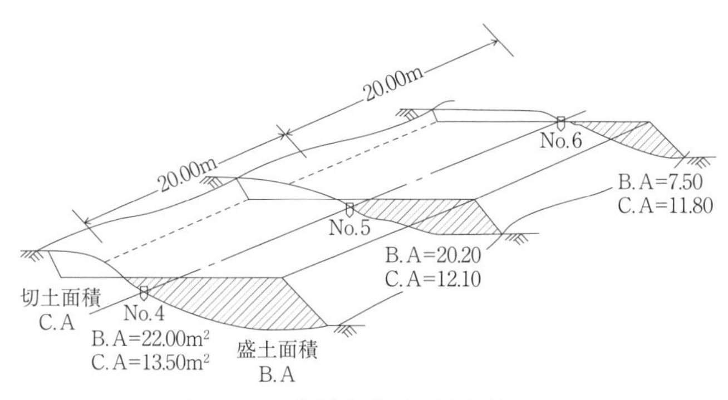

図 4.19　両端断面平均法（平均断面法）

表 4.6　土量計算表

測点	区間距離 (m)	追加距離 (m)	切土 断面積 (m²)	切土 平均断面積 (m²)	切土 土積 総量 (m³)	切土 土積 補正 (m³)	盛土 断面積 (m²)	盛土 平均断面積 (m²)	盛土 土積 総量 (m³)	盛土 土積 補正 (m³)	土量平均 余剰 (m³)	土量平均 不足 (m³)	累加土量
B.P.		0	0				0						0
	20			0	0	0		7.1	142			142	
No.1		20	0				14.2						−142
	20			0.9	18	16.2		8.7	174			157.8	
No.2		40	1.8				3.2						−299.8
	20			3.1	62	55.8		1.9	38		17.8		
No.3		60	4.4				0.6						−282
	20			3.6	72	64.8		3.4	68			3.2	
No.4		80	2.8				6.2						−285.2
	20			4.6	92	82.8		3.2	64		18.8		
No.5		100	6.4				0.2						−266.4
	20			9	180	162		0.1	2		160		
No.6		120	11.6				0						−106.4
	20			15.7	314	282.6		0	0		282.6		
No.7		140	19.8				0						176.2
	20			11	220	198		0.1	2		196		
No.8		160	2.2				0.2						372.2
	20			1.7	34	30.6		5.3	106			75.4	
No.9		180	1.2				10.4						296.8
	20			0.6	12	10.8		11	220			209.2	
No.10		200	0				11.6						87.6
	20			1.75	35	31.5		6.95	139			107.5	
No.11		220	3.5				2.3						−19.9

は曲線部の隣接測点で土量が著しく異なる場合には修正距離を採用する．修正距離は横断面を切土，盛土別に考え，両断面において断面積が1/2になる断面重心と測点との距離（曲線の外側の場合は+，内側の場合は−）を求めて，その平均値を偏心距離d，測点間距離l，曲線半径Rとすると修正距離Lは

$$L=l\,\frac{R+d}{R} \tag{4.13}$$

となる．

土量計算を行う上で重要なのは土量の変化率である．第6章の6.1節で詳しく説明するが，地山の状態，バックホウなどで掘削してほぐされた状態，盛土で締め固められた状態では空隙率が大きく異なる．すなわち体積が大きく異なってくることとなる．したがって，土量の変化率は地山土量に対するほぐし土量の体積増加率L，地山土量に対する締固め土量（盛土量）の体積増加率Cで表す（図4.20）．土量の変化率は土質別に第5章の表5.4の数値を用いる．

切土・床掘・運搬土などの発生土は地山土量，盛土・埋戻土・残土などの利用土は締固め土量として土量計算を行い，マスカーブ（土積図，図4.21）などによって利用土，残土，不足土の種類別に運搬方法，運搬距離別の土量を計算する．

マスカーブは横軸に追加距離，縦軸に累加土量をとるが，このとき切土を補正する盛土土積図と盛土を補正する切土土積図とに分けられる．基本的には仕上がり土量で計算するので盛土土積図が使用される．すなわち，切土量を土質区分ごとに土量の変化率Cをかけて，締固め土量に修正して計算を行う．

土量計算で求めた追加距離と累加土量をプロットして直線で結んだものがマスカーブである．累加土量がゼロの線を基線といい，曲線の極小値は盛土から切土，極大値は切土から盛土への変移点となる．累加土量がゼロから出発して再びゼロ（基線）に戻るとその区間において切土量，盛土量が平衡（バランス）していると

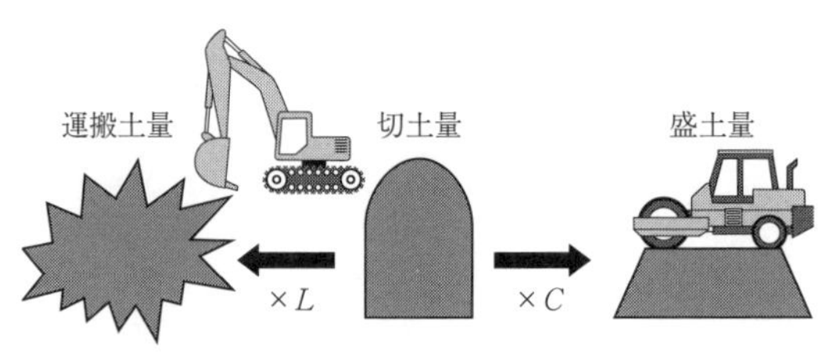

図4.20　土量の変化率の考え方

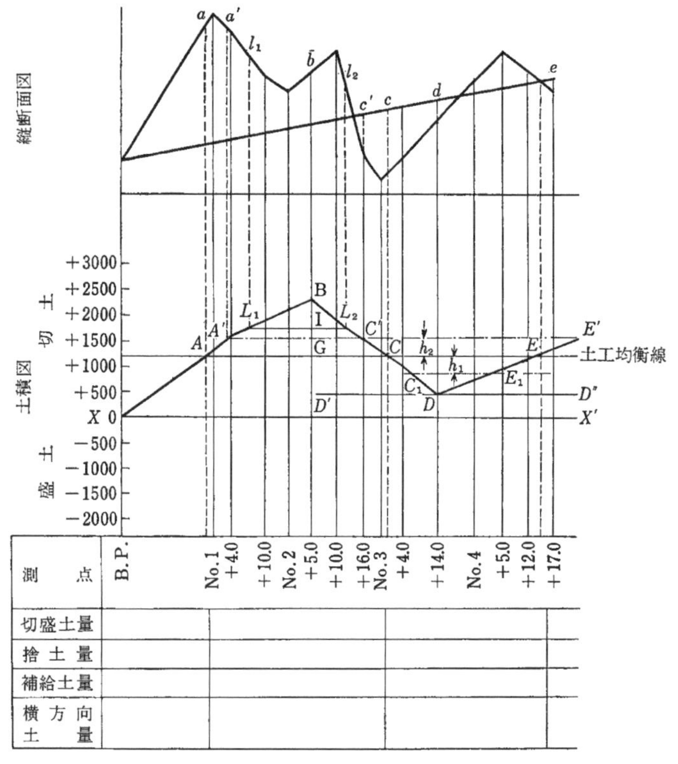

図 4.21　マスカーブ（夏目，1969 を改変）

いうことになる．また，基線に平行な直線である平衡線（土工均衡線）を引いて曲線と交差させるとその交点間の切土と盛土が平衡することを意味する（図 4.22）．この平衡線と曲線の交点を平衡点（均衡点）という．

図上で平衡線の位置を試行錯誤し，運搬距離，運搬土量でもっとも有利となる平衡点を求める．平衡線から曲線の極小値または極大値までの長さが運搬土量となる．ただし，盛土土積図では締固め土量で計算しているので，実際の運搬土量は土量の変化率 C で補正した地山土量にする必要がある．切土から盛土への最大移動距離は平衡点間の距離であり，平均運搬距離は運搬土量の重心，すなわち運搬土量を 2 等分する線の距離で表される．

平衡線は 1 本である必要はなく，状況にあわせて数本の平衡線から試行錯誤により決定する．その際の平衡線の間隔が捨土あるいは客土となる．たとえば，捨土が生じる場合は図 4.23 のように平衡線を動かすことにより，残土処分場の位置

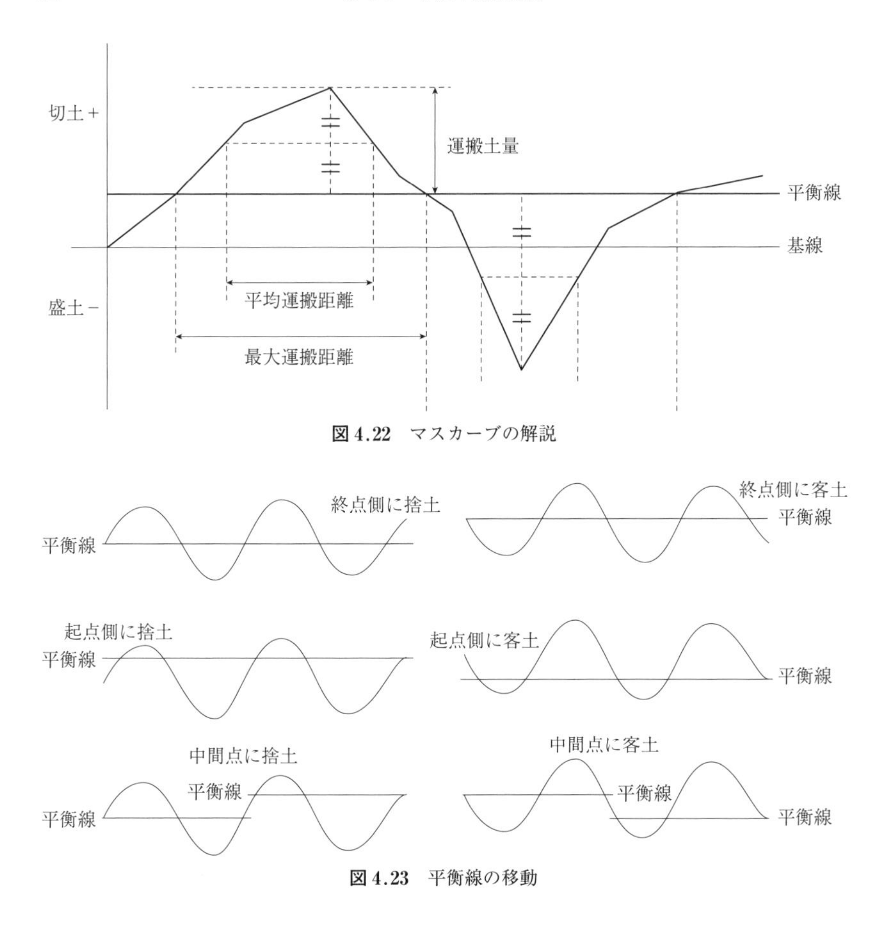

図 4.22　マスカーブの解説

図 4.23　平衡線の移動

によって捨土の生じる位置を変更することができる．同様に客土の場合も同様に採土場の位置によって客土の位置を変更することができる．

4.5.2 支　障　木

林道工事における支障木の伐開区域は用地幅と林道延長により決定される．とくに切土箇所と路面幅員内の盛土高が施工基面より 0.5 m 以内（アスファルト舗装の場合は 1.0 m 以内）の盛土箇所については除根も必要となる．伐開数量は測点を基準に所定の区分ごとに計算し，除根数量は測点を基準に面積として計算する．

4.5.3　排 水 施 設

排水施設は側溝と横断溝に分けられる．側溝は種類別，寸法別の延長で数量計算するが，コンクリートのU字溝，L字溝の場合は必要個数とすることができる．また簡易なL字切取の場合は切土量に含めることができる．横断溝の数量は，種類，構造別の個数あるいは実延長とする．

4.5.4　路盤工，舗装工

路盤工の数量は，路盤工調査の路床土調査および実績調査による路床土の強度特性または実績値をもとに，区間ごとの路盤厚を決定し，各層を構成する材料の種類，品質，規格など別の数量を計算する．

舗装工の数量は，舗装工調査に基づく土質試験，現位置試験または現況調査をもとに区間ごとの舗装厚を決定し，各層を構成する材料別の数量を計算する．

4.5.5　法面保護工

法面保護工の数量は，法面保護工調査および関係設計図によって設定された箇所および適用工法など別の数量を計算する．工法別数量は，各適用工法別の材料，施工面積，体積，延長などを計算する．施工面積は両断面間の平均法長に区間距離を乗じて計算するが，法頭が測線直角方向にない場合，または複雑な法面などの場合は展開図により計算する．

4.5.6　構　造　物

構造物の数量は，構造物図または関係設計図などに示す種類，形式，設置箇所，工法など別の使用材料，仮設材料，床掘り土，埋戻し土などを計算する．材料計算は，各材料別の品質，規格，形状，寸法などの積算区分に応じた完成数量を明示する．その際，曲線部は実延長として計算する．床掘り数量および埋戻し土量は，土質区分および床掘り区分など別に両端断面平均法により計算する．

4.6　調査報告書，設計図書，積算書の作成

調査報告書は，予備調査，図上測設および予備測量の概要と主な検討事項，実施した測量，本調査の種類，間接測量の区間，測量方法および工事施工などにあ

たって留意すべき事項を明らかにするために作成される．

設計図書は，作成した設計図，数量計算書，設計計算書などをまとめたものである．

積算書は，調査・測量・設計による数量をもとに，現地の諸条件に適応した積算を行い，適正な事業費または工事費を算出するもので，事業費または工事費の構成に従い，各工種，名称，種別，細別などに区分し，それぞれの数量，単価および金額を明示したものである．積算書，事業費，工事費などの構成および歩掛などについて「森林整備保全事業設計積算要領・標準歩掛」により定められている．

［矢部和弘］

演習問題

(1) 測線 I.P.1–B.P. の方位角が 200° 30′，測線 I.P.1–I.P.2 の方位角が 100° 00′ のとき，I.P.1 に曲線半径 25 m の曲線を設定する．このときの接線長 *T.L.*，外接長 *S.L.*，曲線長 *C.L.* を求めなさい．また，偏角法で B.C. から曲線上 12.20 m に測点を設定する場合の偏角 α と弦長 S を求めなさい（長さは小数第 2 位まで，角度は秒まで求めなさい）．

(2) (1) の曲線において，接線オフセット法で B.C. から曲線上 15.60 m に測点を設定する場合のオフセット値 x，y を求めなさい（小数第 2 位まで求めなさい）．

(3) 土量計算に関する次の記述で誤りのあるものを 2 つ選択しなさい．ただし，土量の変化率 $L=1.20$，$C=0.90$ とする．

ア）100 m^3 の盛土に必要な地山の土量は 90 m^3 である．

イ）100 m^3 の盛土に必要なほぐした土量は約 133 m^3 である．

ウ）100 m^3 の地山をほぐして締め固めると 90 m^3 になる．

エ）100 m^3 のほぐした土を締め固めると 75 m^3 になる．

オ）100 m^3 の盛土をほぐすと 120 m^3 になる．

第5章

林道の施工

本章では，まず林道の施工に用いられる土工機械を紹介した後，施工の方法を解説する．施工の方法は，概要に続いて基本となる土工と法面保護工について説明した後，近年の林道施工で外すことのできない舗装工とコンクリート工について説明する．

5.1 土工機械

作業道の施工は，掘削から締固めまでほぼ油圧ショベルだけで行われるが，林道の施工では路盤材料などを敷(し)き均(なら)すモータグレーダや締固め機械が用いられる．これらに加えて，近年は減少しているものの，まだ使われることのあるローダとブルドーザも紹介する．

5.1.1 油圧ショベル

ショベル系掘削機のなかで，油圧で駆動される油圧ショベルは，林道／作業道の作設作業でもっとも多く使われる機械であり，多くがバケットを後方に向けて装着し，引き寄せるようにして掘削するバックホウ（ドラッグショベル）である（図5.1）．走行装置は主に油圧駆動の履帯（装軌式，クローラ式）であり，ホイール式のものも使われることがある．その大きさは一般的にバケット容量で表されることが多く，バケット容量（山積）0.28～1.0 m^3（機械質量7～20 t程度）の機種が林道作設ではよく使われる．また作業道作設では，さらに小さいバケット容量0.09～0.22 m^3（機械質量3～5 t程度）の機種も使われる．1台で掘削，積込，整形，つり上げなどさまざまな作業を行うことができ，バケットを油圧ブレーカにつけ換えて破砕作業も行える．また，ハーベスタやプロセッサなどの林業機械のベースマシンとしても，日本ではもっともよく使われている．

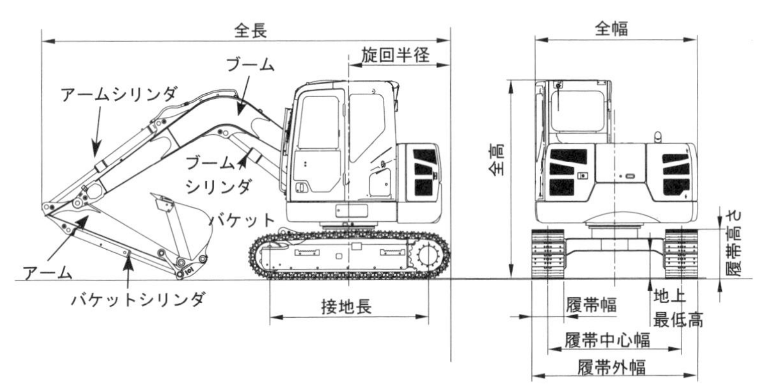

図5.1　油圧ショベル（バックホウ）（住友建機より改変）

5.1.2　ブルドーザ

車体前面の排土板を用いて，自身の質量を活用した押土作業を行う機械であり，強い駆動力を必要とするため，エンジン力を機械的に伝達して金属履帯を駆動する（図5.2）．以前は林道作設工事でもっとも一般的に使われたが，現在は多くの作業が油圧ショベルによって置き換えられ，機械質量11～21 tの機種が伐開，除根，埋戻工に使われることがある程度になっている．

5.1.3　ロ　ー　ダ

機体前部にバケット装置をもち，掘削積込み作業を行う機械であり，以前は装軌式のトラクタショベルが林道工事に多用されたが，現在はバケット容量0.3～0.4 m^3（機械質量2～3 t）程度の装輪式のホイールローダが主に法枠工などに用

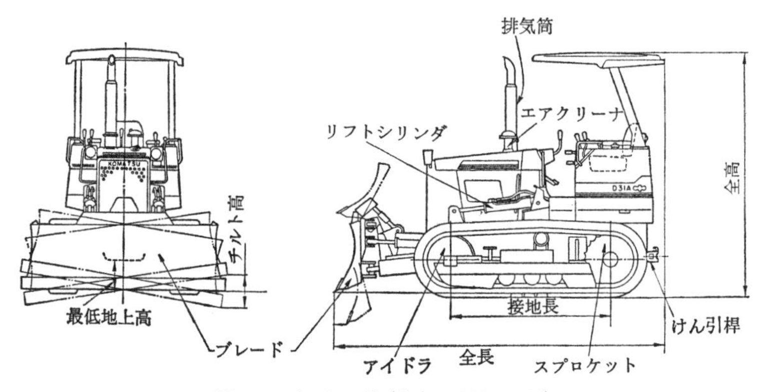

図5.2　ブルドーザ（山本，1988，p. 84）

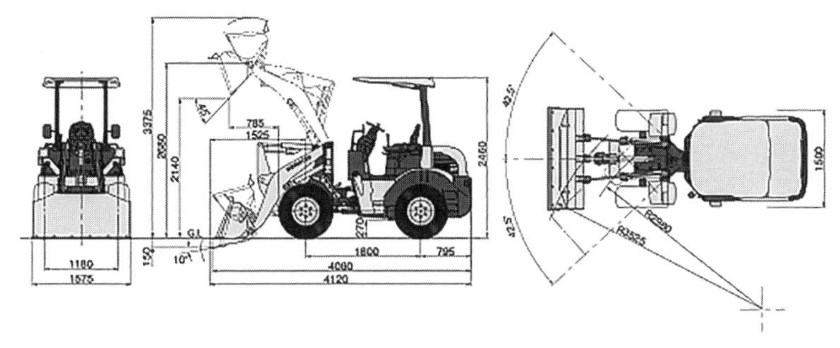

図 5.3 ホイールローダ（WA30-6E0）（コマツ社）

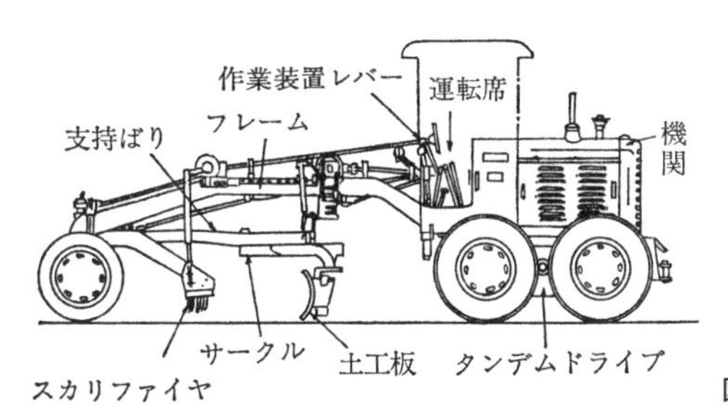

図 5.4 モータグレーダ（山本，1988，p. 88）

いられる（図 5.3）．またバケット容量 1.0 m^3（機械質量 5〜7 t）程度の機種が除雪などにも用いられる．海外では，小回りの効くスキッドステアローダ／コンパクトトラックローダが林業機械のベースマシンとして用いられている．

5.1.4 モータグレーダ

車体中央下部に装備されたブレードによって，整地，路盤材料の敷き均し，砂利道の補修などの作業を行う機械で，硬土質，固結した土石などをゆるめるためのスカリファイヤをオプションにもつ（図 5.4）．林道の施工ではブレード幅 3.1 m（機械質量約 12 t）の機種が主に用いられる．

5.1.5 締固め機械

締固め工や敷き均しには，機械質量 8〜20 t 程度のタイヤローラが主に用いられる（図 5.5）．タイヤローラは，空気入りゴムタイヤの内圧を変えることによって接地圧を調整でき，広範囲の土質の締固めが可能である．また標準機種で施工が困難な場合は，1 t クラスの小型振動ローラが用いられる．振動ローラは，起振

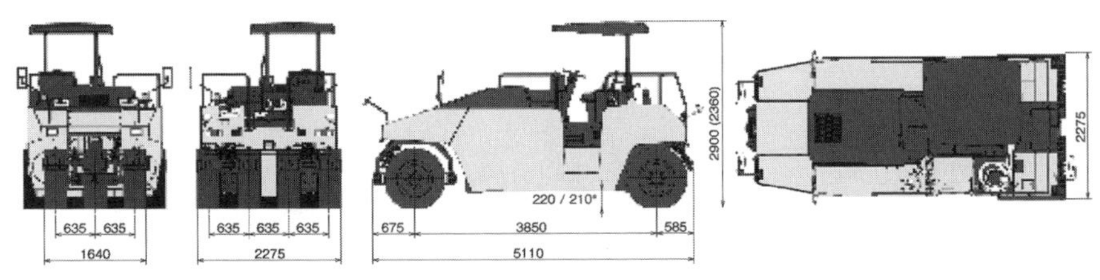

図 5.5　タイヤローラ（HN220WHH-5）（住友建機, 2017）

機による上下振動によって，自質量以上の力で締め固めることが可能である．

［岩岡正博］

5.2 施 工 の 概 要

本章では林内路網構成要素である林道・林業専用道・森林作業道のうち，もっとも高規格な林道を対象としてその施工について説明する．森林作業道の施工については第7章を参照されたい．

林道の施工は第4章で述べた実測により作成された設計図書の内容を現地に実現する行為である．具体的には，林道の施工とは，現地で表5.1に示すようなさまざまな工事を行い，これら工事の種類に応じて必要な労働力，機械および資材を必要とされる数量調達し，これらを適切に投入して林道を作り上げることである．

工事の実施にあたって，発注者は受注者に設計図書，工事仕様書，特記仕様書，工事施工管理基準を示し，受注者は設計図書，工事仕様書，特記仕様書に基づいて施工計画書と施工管理計画書を作成し，発注者に提出する．通常，林道の発注者は国・都道府県・市町村・森林組合であり，受注者は建設会社などの事業体である．

5.2.1 工事の実施方式

林道工事の実施方式には，直営方式，委託契約方式，請負契約方式があるが，現在ではほとんどの開設・改良工事は請負契約方式で実施されている．請負契約方式とは，請負者（受注者）が建設工事を完成させることを約束し，注文者（発注者）が，その建設工事の対価として施工費用を支払う形式の契約である．

表 5.1 林道の開設・改良工事の主な工種

工　種	細　別
土工	掘削工，盛土工，路面工，作業土工，残土処理工，法面整形工
地盤改良工	路床安定処理工，置換工，サンドマット工，バーチカルドレーン工，締固め改良工，固結工
法面工	植生工，法面吹付工，法枠工，法面施肥工，アンカー工，かご工，法面保護工
軽量盛土工	軽量盛土工
擁壁工	既製杭工，場所打杭工，場所打擁壁工，プレキャスト擁壁工，補強土壁工，鋼製枠工，かご工，鋼製L型擁壁工，井桁ブロック工，簡易擁壁工
石・ブロック積（張）工	コンクリートブロック（張）工，石積（張）工
排水構造物工	側溝工，横断溝工，簡易排水工，管渠工，地下排水工，法面排水工，呑吐口工，流木除け工，流末処理工，集水桝・マンホール工
カルバート工	既製杭工，場所打杭工，場所打函渠工，プレキャストカルバート工，防水工
落石雪害防止工	落石防止工，落石防護柵工，高エネルギー吸収柵工，防雪柵工，雪崩予防柵工
舗装工	舗装準備工，橋面防水工，アスファルト舗装工，コンクリート路面工，コンクリート舗装工，薄層カラー舗装工，ブロック舗装工
防護柵工	路側防護柵工，防止柵工，ボックスビーム工，車止めポスト工，防護柵基礎工

5.2.2 施工管理

施工管理は工事を安全かつ経済的に施工し，計画された工期，品質，出来形で実現することを目的として行う施工段階における管理である．前述したように林道工事では受注者はあらかじめ施工管理計画を立て監督職員に通知することが定められている．この施工管理計画は，工程管理，出来形管理，品質管理，写真管理により構成される．工程管理は工事の進行管理，工事経過の記録を行う．出来形管理は起工測量の実施，完成測量の実施，出来形図などの作成，出来形数量の計算を行う．品質管理はコンクリートの品質管理，土工の品質管理，橋梁の品質管理，トンネルの品質管理，舗装の品質管理を行う．写真管理は工事写真の撮影および編集を行う．この他，受注者は材料費や人件費を管理し工事を経済的に進めるための原価管理，労働者や一般市民の安全を確保するための安全管理を行う．一般的には施工管理は工程管理，品質管理，原価管理，安全管理といった4大管理を中心にさまざまな管理により構成される.

5.2.3 工事資材

林道工事は後述する土工が中心となるが，その他にも表5.1に示したようにさまざまな工事が行われ，おのおのの工事はさまざまな資材を投入して実施される．使用される資材は無機質材料，有機質材料，金属材料に大別される．無機質材料は盛土の材料となる土石，路盤や構造物の材料となる石材，構造物や路面の材料となるコンクリートなどがある．有機質資材としては緑化材料となる植生資材，舗装材料となる瀝青材料（アスファルト混合物など），構造物・施設・型枠などの材料となる木材，パイプ・接着剤・塗料・シートなどの高分子材料などがある．金属材料は構造物などに用いられる鉄鋼材と付属施設などに用いられるアルミニウムなどの非鉄金属に分けられる.

5.3 土　　工

林道の施工は，地山を掘削する切土，土を盛り固める盛土，路盤といった各土構造物（第6章参照）の形成，土石の運搬といった土工作業が中心的作業となる．現地の地形や土質・地盤に応じて土構造物以外に擁壁（6.4節参照）や橋梁など（第9章参照）の構造物が作設される．設計・施工にあたっては土工量は少なくし，切土・盛土の土工量の均衡を図ることが重要である.

5.3.1 準　備　工

林道は林産物の搬出・森林管理を目的として，通常傾斜した山地に開設されるため，山地の掘削を行う切土施工が中心となる．山地であることから林道の開設予定地周辺には多数の立木が生育していることが多い．とくに計画路線敷内の立木は施工にあたって支障となるため，施工前にこれらの支障木を伐採しておく必要がある.

次に工事の受注者は着工前に，中心線測量，縦断測量，横断測量，構造物測量を行い，設計図書と照合する．また，IP杭（交点杭）などの測量基準杭は工事中に除去されたり埋没するなどして逸失したりするために，それらの杭の位置を復元できるような引照点を着工前に設ける．これらの作業を起工測量という.

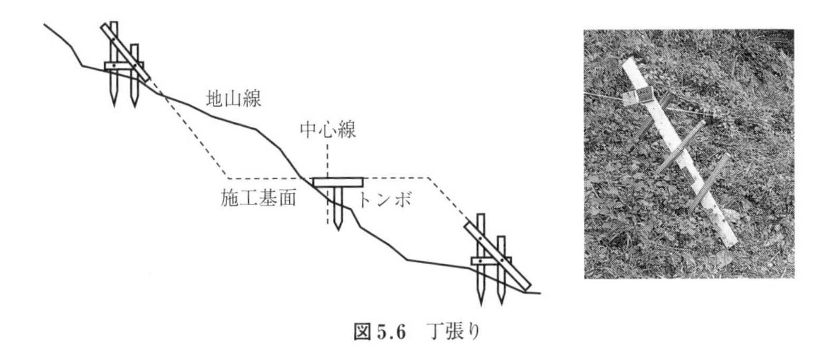

図 5.6　丁張り

起工測量の実施後に，丁張り（ちょうはり）を設置する．林道の施工では地山の掘削や，土を盛ることにより路体を造成していくため，設計図のとおり施工するためには，現地において施工基面の高さ，切土・盛土の斜面である法（のり）の勾配，法の上端である法頭，下端である法尻の位置などの林道の出来形を示す目印が必要となる．この目印が丁張りであり遣方（やりかた）ともいい，図 5.6 のように貫板（ぬきいた）（ぬき）や杭を組み合わせて現地に設置される．切土・盛土法面や施工基面では貫板の上端を基準とし，擁壁の法面や擁壁の上部である天端（てんば）は貫板の下端を基準とする．いうまでもなく，設計図書のとおりの出来形を現地で実現するものであるから，丁張りは正確に設置しなければならない．

5.3.2　切 土 施 工

準備工が終了したら掘削を開始するが，掘削前に伐採された支障木の伐根を除去する除根作業を行う．すべての伐根が除去されるわけではなく，盛土にあっては路面幅員内の盛土高が施工基面より 0.5 m 以内（アスファルト舗装の場合は 1.0 m 以内）の伐根については除去しなければならないが，盛土高がこれより高い場合は伐根が盛土の安定に機能することから除去しなくてもよい．

掘削箇所の地形，地質条件および工事数量に応じてもっとも適切な工法・構造とし斜面の安定を図り，使用機械もこれらにもっとも適した機械を選択する必要がある．切土法面の勾配は，第 4 章に示す標準勾配によるが，土質をはじめとした現地の各種状況を考慮して増減する．表 5.2 に土質の分類を示す．

切土作業は，土質，地形，気象，環境などの現地の条件および線形，幅員，土量，切土高といった設計条件に応じて，ブルドーザ，トラクタショベル，バックホウ，削岩機，火薬を適宜組み合わせて行う．

表 5.2 土質の分類

土 質	分 類
砂・砂質土	砂・砂質土・普通土・砂質ローム
粘性土	粘土・粘性土・シルト質ローム・砂質粘性土・火山灰質粘性土・有機質土・粘土質ローム
礫質土	礫まじり土・砂利まじり土・礫
岩塊・玉石	岩塊・玉石まじり土・破砕岩
軟岩（I）A	第三紀の岩石で固結程度が弱いもの，風化がはなはだしくきわめてもろいもの．指先で離しうる程度のもので，亀裂間の間隔は 1 ～ 5 cm くらいのもの
軟岩（I）B	第三紀の岩石で固結程度が良好なもの，風化が相当進み，多少変色をともない軽い打撃により容易に割り得るもの，離れやすいもの，亀裂間の間隔は 5 ～ 10 cm 程度のもの
軟岩（II）	凝灰質で固結しているもの，風化は目にそって相当進んでいるもの，亀裂間の間隔は 10 ～ 30 cm 程度で軽い打撃により離しうる程度，異種の岩が硬い層をなしているもので，層面を楽に離しうるもの
中硬岩	石灰岩，多孔質の安山岩のようにとくに緻密でないが，相当の硬さを有するもの．風化の程度があまり進んでいないもの，硬い岩石で間隔が 30 ～ 50 cm 程度の亀裂を有するもの
硬岩（I）	花崗岩，結晶片岩などでまったく変化していないもの，亀裂の間隔は 1 m 内外で相当密着しているもの，硬い良好な石材を取り得るようなもの
硬岩（II）	けい岩，角岩などの石英質に富んだ岩質が硬いもの，風化していない新鮮な状態のもの，亀裂が少なくよく密着しているもの

機械による掘削方法はベンチカット工法とダウンヒルカット工法に大別される．ベンチカット工法は，階段式掘削ともいい，地山を階段状に掘削を進める方法で，バックホウによる掘削，ダンプトラックでの運搬に適した方法である．

ダウンヒルカット工法は，傾斜面掘削ともいい，傾斜面の下り勾配を利用して掘削を行う方法で，ブルドーザでの掘削に適した工法である．しかしながら，近年では林地保全および環境保全の観点から切取土砂の渓間への放棄もしくは流入が厳しく制限されており，現在では切取施工は渓間への土砂流入が多くなるブルドーザによる施工に替わりバックホウによる施工が主流を占めている．

岩石の掘削にはダイナマイトなどで破砕する方法とブレーカーを用いて機械もしくは人力で破砕する方法があり，近年ではバックホウにブレーカーを装着して破砕することが多い．

切土は原則として上部から掘削し，施工基面より深く切りすぎないように注意して行う．もし切りすぎた場合には十分な支持力のある土砂で盛土を行う．

斜面の安定のために途中には小段（犬走り，ステップ）を設けることがある．切土では原則として設けないが，切土高が10 m を超え法面剥落の恐れがある場合などに切土高5～10 m 程度ごとに幅0.5～1.0 m を標準として5～10%の横断勾配をつけた小段を設ける．

切土によって発生した土石は，土質，土量，運土距離に応じて盛土や埋戻土あるいは構造物の材料などに適宜用いる．

土石の運搬にあたっては，土量の変化率 L と表5.3に示す岩石・土の比重により運搬機械の積載量（質量）が規定される．ここで，土量の変化率について説明する．土量体積は，地山にあるとき，それをほぐしたとき，およびほぐして締め固めたときでは異なる．この変化は地山の量＝掘削すべき土量，ほぐした土量＝運搬すべき土量，締固めの後の土量＝できあがりの盛土量の3つの状態の地山土量に対する体積比で表す．これを土量の変化率といい，次式により示される．また，土質による土量の変化率を表5.4に示す．

$$L = \frac{\text{ほぐした土量}(\mathrm{m}^3)}{\text{地山の土量}(\mathrm{m}^3)} \tag{5.1}$$

$$C = \frac{\text{締固め後の土量}(\mathrm{m}^3)}{\text{地山の土量}(\mathrm{m}^3)} \tag{5.2}$$

表5.3　土・岩石の比重

土・岩石の名称と状態		比　重
岩石	硬岩	2.5～2.8
	中硬岩	2.3～2.6
	軟岩	2.2～2.5
	岩塊・玉石	1.8～2.0
	礫	1.8～2.0
礫質土	乾いていてゆるいもの	1.8～2.0
	湿っているもの，固結しているもの	2.0～2.2
砂	乾いていてゆるいもの	1.7～1.9
	湿っているもの，固結しているもの	2.0～2.2
砂質土	乾いているもの	1.6～1.8
	湿っているもの，締まっているもの	1.8～2.0
粘着土・粘土	普通のもの	1.5～1.7
	非常に硬いもの	1.6～1.8
	礫まじりのもの	1.6～1.8
	礫まじりで湿ったもの	1.9～2.1

表5.4 土量の変化率

名称		L	C
岩または石	硬岩	1.65～2.00	1.30～1.50
	中硬岩	1.50～1.70	1.20～1.40
	軟岩	1.30～1.70	1.00～1.30
	岩塊・玉石	1.10～1.20	0.95～1.05
礫まじり土	礫	1.10～1.20	0.85～1.05
	礫質土	1.10～1.20	0.85～1.00
	固結した礫質土	1.25～1.45	1.10～1.30
砂	砂	1.10～1.20	0.85～0.95
	岩塊・玉石まじり砂	1.15～1.20	0.90～1.00
普通土	砂質土	1.20～1.30	0.85～0.95
	岩塊・玉石まじり砂質土	1.40～1.45	0.90～1.00
粘性土など	粘性土	1.20～1.45	0.85～0.95
	礫まじり粘性土	1.30～1.40	0.90～1.00
	岩塊・玉石まじり粘性土	1.40～1.45	0.90～1.00

5.3.3 盛土施工

盛土は路面からの交通荷重を基礎地盤に伝達し安全に支持することができるよう，基礎地盤をはじめ，その他現地の諸条件を考慮し安定を図る必要がある．支障木の伐根は先に述べたとおり，盛土にあっては路面幅員内の盛土高が施工基面より0.5 m 以内（アスファルト舗装の場合は1.0 m 以内）の伐根については除去しなければならないが，盛土高がこれより高い場合は除去しなくてもよい．これは盛土高が高い場合には伐根を残すことで伐根による盛土の滑動防止効果が期待できるからである．

土砂を山積みするとその土砂の内部摩擦角に応じた勾配で安定し，この角度（勾配）を安息角という．盛土の安定を図るためには盛土の勾配を安息角以下にしなければならない．

林道では，盛土法面の勾配は1割5分（1：1.5）を標準とする．盛土高が10 m 以内で法尻付近における基礎地盤の傾斜が礫まじりの土の場合おおむね3割より急，その他の土の場合おおむね2割より急な場合盛土法面勾配を1割2分（1：1.2）にできるが，その際は，現地の状況や既往の実績を十分検討して決定する．なお，現在の林道技術基準（2011（平成23）年改正）では基礎地盤が急で（2割，1：2.0を超える）横断方向および縦断方向に盛土が滑動するおそれがある場合は，

図 5.7 に示す基礎地盤の段切り（ベンチカット）を行うか，埋設編柵を設けるなどして滑動を防止するとされている．地山を階段状に切り取ることにより盛土と地山との結合をよくし土が安定するとして，森林作業道では盛土施工の基本となっている．

盛土材料は，礫まじり土，砂質土，破砕岩，破砕岩まじり土などで，粒度分布がよい締め固めやすくせん断強度が大きい良質材を優先して使用する．この盛土材料の調達法によって盛土は流用盛土，運搬盛土，純盛土の 3 種類に分類される．流用盛土は切土施工によって生じた土石を同一地点の盛土材として利用し，運搬盛土は同一路線のほかの区間の切土施工によって生じた土石を運搬して利用する．純盛土は土取場などの他所から採取した土砂を盛土材として利用するものである．純盛土は公道や堤防などの土木工事で行われることが多いが，林道では，通常流用盛土と運搬盛土が併用される．流用盛土も運搬盛土も現地の地山を掘削して生じた土石を利用するため，掘削にあたって，伐根はもとより，草本や草本根，枝条・落葉およびその腐植などの有機物が多量に混入することはできるだけ避ける．この他，ベントナイト，酸性白土，吸水性または圧縮性がとくに大きな土も盛土材料としては適さないため使用は避ける．やむを得ず使用しなければならない場合は，良質の破砕岩などの材料と混合するか，セメントもしくは石灰などによる安定処理工法を行う．

盛土の実施は盛土材料を水平の層状に敷き均すまき出しを行い均一に転圧して締め固めなければならない．一層の仕上がり厚さは 30 cm とする．この時水平の層の厚さが厚くなりすぎると締固め不足になりやすいため，このような高まきを避け，土量の変化率 C を考慮して，一層を 30 〜 50 cm の厚さで敷き均した後締め固める．締固めは作業条件，土質条件などを考慮してタイヤローラ，振動ロー

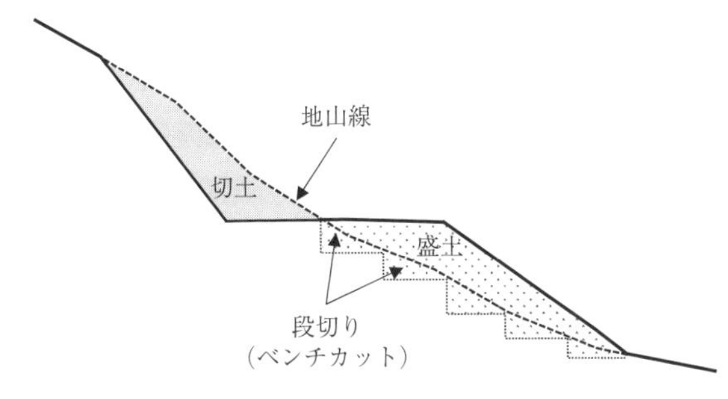

図 5.7　盛土基礎地盤の段切り（ベンチカット）

図5.8 残土処理場

ラ，振動コンパクタ，タンパおよびブルドーザなどを選択して実施する．

盛土高5mを超える場合には5m程度ごとに，幅0.5～1.0mを標準として5～10%の横断勾配をつけた小段を設ける（第6章参照）．

基礎地盤内に湧水，流入水，帯水などがある場合にそのまま盛土を行うと盛土が崩壊する恐れがあるため，施工時に地下排水溝を設けるなどして適切な排水措置を講じなければならない．

盛土本体完成後は，法面部分の表層をバックホウもしくはランマなどの小型機械により締め固める（土羽打（どはうち））．表層流亡を防ぐために法面緑化工で処理する．近年では法面の保護材として間伐材の使用もみられる．

5.3.4 残　土

現地において流用ができず余剰となる土砂は，適切な場所に図5.8のような残土処理場を設け，そこで処理する．残土処理場の条件は，具体的には余剰土砂を盛土により整理・堆積する．こうした残土処理場はなるべく，待避所，車両の転回場（車回し），土場，作業ポイントなどに利用できることが望ましい．

5.4 法 面 保 護 工

前述した切土・盛土は土構造物であり，完成後相当程度の長期間にわたってその構造を維持しなければならない．とくに土砂からなる切土法面や盛土法面は雨滴や流下水，冬季の凍上・融解，風化による侵食を防止し，林道路面上にこれらの土砂が堆積することによる交通機能低下や侵食の進行が引き起こす切土・盛土の崩壊を防がなければならない．このために行われるのが法面保護工である．法面保護工は植生工と構造物によるものに大別される.

5.4.1 植　生　工

法面の保護は通常植生工によって行われる. 植生工の目的は法面に早期に植生を定着させ, その葉や落葉落枝による被覆効果や根系による土壌の緊縛効果, 地表面の温度の低下を低減し凍上を抑制するといった侵食に対する防御効果の発揮を期待するものである. 植生工は現地の地形, 土質, 気象条件, 加えて初期段階の群落から最終的な目標となる群落形成までの期間とその間の植生管理の実施を勘案し, 施工法および導入する植生を決定する.

工法としては種子吹付工, 植生マット工, 筋工, 植生袋工, 客土吹付工, 植生基材吹付工などがある. 植生工には, 外来種ではクリーピングレッドフェスク, ケンタッキーブルーグラス, バミューダグラス, バヒアグラスなど, 在来種ではススキ, イタドリ, ヨモギ, ヤマハギ, ケヤマハンノキ, ヤシャブシなどが使用されるが, 選択は慎重に行う. とくに外来種においては, 生物多様性保全の観点から使用する種の選択については慎重に検討する必要がある.

5.4.2 構造物による法面保護工

植物が生育できない法面や植生だけでは法面の保護が困難な法面, 湧水があるもしくは崩壊や落石などの危険性がある法面においては構造物によって法面を保護する.

工法は現地の状況に応じて選択するが, モルタル吹付工, コンクリート吹付工, 張工, 枠工, 編柵工, かご工, アンカー工, 補強土工, 落石防護網工, 落石防護柵工, 落石防護擁壁工, 伏工などがある.

5.5 舗　　装　　工

道路の構造は上部の舗装と下部の路床に大別され, 路床は舗装の下１m 程度の（自然）土の部分であり, 舗装はさらに表層, 基層, 路盤に大別される. また, 路面は交通の用に供される部分を指す.

5.5.1 路盤工

路盤は表層・基層から伝わる交通荷重を直接支持し，路床に均等に分散して伝えるという，安定かつ安全な路面の形成・維持にとってきわめて重要な役割を果たす．その構造は，施工基面の上に設置される路盤が上層路盤，路床部に設置される路盤が下層路盤に細分される．下層路盤の材料は現地発生の岩砕，礫，砂などを利用するが，それらが得られない場合はクラッシャラン（砕石）や切込み砂利（河床から採取した砂利）を利用する．いずれの材料についてもその最大粒径は15 cm以下とする．上層路盤の材料は現地発生材料を使用せず，クラッシャランや切込み砂利とし，最大粒径を8 cm以下とするが，クラッシャランでは4 cm以下とすることができる．

路盤厚は路床土の種類や強度あるいは既往の実績を考慮して決定するが，路床土の強度により決定する場合は路床土のCBR値（6.2.2項）Cから路盤厚Hを次式によって求める．

$$H = \frac{45}{C^{0.5}} \tag{5.3}$$

なお，現地でCBR試験ができない場合には表5.5を目安にすることができる．

5.5.2 アスファルト舗装工

舗装の上部である表層と基層に加熱アスファルト混合物を用いる舗装工である．アスファルト舗装工と簡易舗装工に区分される．この舗装はせん断力に対して抵抗するが，交通荷重による曲げには抵抗しないためたわみ性舗装ともよばれる．上層路盤には必要に応じて粒度調整工法，切込砕石工法，マカダム工法，セメント安定処理工法，瀝青安定処理工法などの工法を選定する．下層路盤は，砂，クラッシャラン，再生クラッシャラン，スラグなどを敷き均し締め固める．敷均し

表5.5 土の種類と現場CBR

土の種類	現場CBR
シルト，粘土分が多く含水比が高い土	3以下
シルト，粘土分が多く含水比が比較的低い土	3～5
砂質土，粘性土	3～7
含水比が低い砂質土，粘性土	7～15
礫，礫質土	7～15
粒度分布がよい砂	10～30

はモータグレーダによって行い，タイヤローラやマカダムローダによって締め固める．上層路盤の上に瀝青材を散布し，アスファルトプラントによって作成されたアスファルト混合物アスファルトフィニッシャで加熱アスファルト混合物を敷き均し，ローラにより締め固める．

5.5.3 コンクリート路面工

表層をコンクリート板とする舗装で，コンクリート板のなかには鉄筋により構成された鉄網が配置されている．この構造により，アスファルト舗装と異なり交通荷重による曲げに対して抵抗するため剛性舗装ともよばれる．コンクリート板の厚さは 15 cm を標準とする．路盤の厚さは 15 cm 以上を標準とし，30 cm を超える場合は上層路盤と下層路盤に分ける．

5.5.4 砂利舗装工

林道では前述したように，クラッシャランなどを敷設して路盤を形成する．その上にアスファルトやコンクリートなどを施工せずに砂利仕上げとする砂利舗装の林道も多い．この舗装工ではクラッシャランなどを敷設する上層路盤もしくは単に路盤が路面となっている．また，路床土の土質が良好で所定の支持力を確保できるときはそのまま転圧し土砂道とすることも可能である．

5.6 コンクリート工

林道では，擁壁，土留工，橋台，均(なら)しコンクリート，水路，ボックスカルバート，橋脚，橋梁床板，側溝などの多くのコンクリート構造物が設置される．これらは完成製品を設置する場合と，現地でコンクリートを打設して設置する場合とがある．鉄筋を使用しない無筋構造物と内部に鉄筋を配置する鉄筋構造物とに大別される．コンクリート工は，まずコンクリート構造物の形に設置された型枠内に練り混ぜたコンクリートをコンクリートポンプ，クレーンなどにより連続的に投入していく．これをコンクリート打設工というが，この際型枠内に一度に打設せず 1 層の打ち込み厚さは 40 ～ 50 cm 以下とする．打設されたコンクリート内の気泡を除き，密度の大きなコンクリートとするために内部振動機で締固めを行う．予定量すべて打設されたら，表面の美観および耐久性・水密性の機能を発揮

表5.6 コンクリートの養生期間

構造物の種類	施工時期	養生期間
無筋・鉄筋コンクリート	一般	普通セメント：5日以上 早強セメント：3日以上
	冬季	所定圧縮強度に達するまでは5℃以上で，その後2日間は0℃以上に保つ.
	夏季	打設後24時間は絶えず湿潤状態．その後養生期間は最低5日以上
舗装コンクリート	一般	普通セメント：14日を標準 早強セメント：7日を標準 中庸熱セメント：21日を標準
	冬季	所定の圧縮強度および曲げ強度になるまで凍結しないように保護する.

させるために金ゴテなどで表面を平滑に仕上げる．その後，表面の硬化が始まった時期から表5.6に示す期間打設後のコンクリートを保護し，コンクリートの硬化作用を促進しつつ，乾燥によるひび割れの発生を防ぐ養生を行う．通常は養生マットや濡れたシートで覆う，あるいは散水するなどして十分な湿気を与える湿潤養生とする．

［松本　武］

演習問題

1000 m^3 の砂質土の盛土を形成するのに必要な地山の土量とほぐした土量はいくらか求めなさい．ただし，ほぐし率 $L=1.20$，締固め率 $C=0.85$ とする．

第6章

土に関する基礎知識

森林路網は自動車などを安全かつ円滑に通行させるよう，自然本来の地表面を地形に応じて切土ないし盛土して構築する土構造物である．路面は一般に，林道では砂利道または舗装道，作業道では土砂道とされ，車両や林業機械の荷重を支持することができるよう十分強固な構造としなければならない．したがって，土構造物や舗装の設計・施工を経済的かつ合理的に実施するために，土に関する知識が不可欠となる．

6.1 土とその性質

6.1.1 土の起源

土は主として岩石が風化して細分化された物質である．風化作用によって生成された土が，重力・風力・河水などの作用によって運搬され，それらができた場所とは異なった場所に堆積したものを堆積土（運積土），生成された土がそのままの位置に堆積しているものを残積土（定積土）という．

岩石はその成因によって，火成岩，堆積岩，変成岩に大別される．火成岩は地下のマグマが冷却される過程でできた岩石（花崗岩，せん緑岩，斑れい岩，流紋岩，安山岩，玄武岩など）をいい，堆積岩は岩石の風化物や火山砕屑物が堆積したものや，水に溶けていた成分が科学的に沈殿したもの，生物の遺体や骨が集まってできた岩石（礫岩，砂岩，頁岩，泥岩，凝灰岩，石灰岩，チャートなど）である．変成岩は火成岩や堆積岩がマグマの接触作用や地殻の圧力により変成した岩石（ホルンフェルス，結晶片岩，千枚岩，角閃岩，片麻岩など）である．

日本の平野部に堆積している土の大部分は沖積土であり，洪積世に堆積した洪積土に比べ堆積年代が新しいため，土の締まり方がゆるく一般に軟弱であるので土木工事の対象として重要な意味をもっている．林道工事の現場となる上流山間部においても，規模は小さいが，山間の小段丘，河川流域の平地はこの沖積土である．火山噴出物による堆積土も全国的に広く分布し，この代表的なものが関東地方の関東ローム，九州南部一帯のしらすであり，土木工事上問題となることが多い．また，花崗岩地帯の残積土であるまさ土，北海道などにみられる植物が枯死して未分解のまま堆積してできた泥炭も土木工事上問題となることが多い．

以上のように，土は生成の過程，その母材料などにより種々性質の異なる材料となるので，林道の設計・施工に際しては土の性質，とくに物理的性質を理解しておく必要がある．

6.1.2 土の基本的性質

土は大小さまざまな土粒子の集合体であり，図6.1に示すように土粒子の間には水分と空気を含む間隙が存在する．土の性質は土粒子・水・空気の占める割合により変化する．

a. 土の含水量

土の含水量は一般に含水比（w）で表され，土粒子の質量に対する水の質量で得られる．試験方法はJIS A 1203に規定されている．

$$w = \frac{m_w}{m_s} \times 100\ (\%) \tag{6.1}$$

b. 間隙比と間隙率

間隙の大小は間隙比（e），間隙率（n）によって表す．

$$e = \frac{V_v}{V_s} \tag{6.2}$$

$$n = \frac{V_v}{V} \times 100\ (\%) \tag{6.3}$$

c. 土の飽和度

土の間隙の体積に占める水の体積の割合を飽和度（S_r）という．

$$S_r = \frac{V_w}{V_v} \times 100\ (\%) \tag{6.4}$$

d. 土粒子の密度

土の固体部分の単位体積質量を土粒子の密度（ρ_s）といい，その試験方法はJIS A 1202に規定されている．

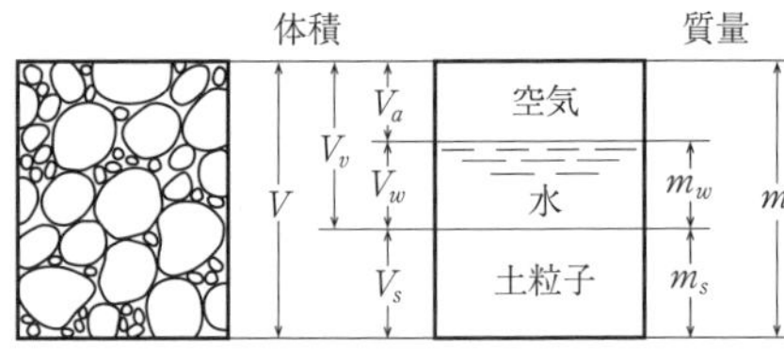

図6.1 土の構成（冨田ほか，2003，p. 3）

$$\rho_s = \frac{m_s}{V_s} \tag{6.5}$$

ρ_s は土の状態を表す諸量の計算に必要な値である．

e. 土の密度

土の単位体積あたりの質量を土の密度といい，湿潤密度（ρ_t），乾燥密度（ρ_d）がある．S_r＝100％の飽和土における密度を飽和密度（ρ_{sat}）といい，土が水中にある場合には水中密度（ρ_{sub}）という．水中では水の浮力を受けるため，飽和密度から水の密度を差し引いた値が水中密度となる．水の密度を ρ_w とすると，

$$\rho_t = \frac{m}{V} = \frac{\rho_s \dfrac{S_r e}{100} \rho_w}{1+e} \tag{6.6}$$

$$\rho_d = \frac{m_s}{V} = \frac{\rho_s}{1+e} \tag{6.7}$$

$$\rho_{sat} = \frac{\rho_s + e\rho_w}{1+e} \tag{6.8}$$

$$\rho_{sub} = \rho_{sat} - \rho_w = \frac{\rho_s - \rho_w}{1+e} \tag{6.9}$$

f. 土のコンシステンシー

粘土のような細粒土に水をたっぷり加え練り返すと液体状となり，水分を少し減少させると塑性状になる．さらに水分を減少させると半固体状となり，よりいっそう水分を減少させると，それ以上体積の変化しない固体状となる．

このように含水量により軟らかかったり，硬かったりするのは，含水状態の違いにより外力に対する抵抗の仕方が異なっているからであり，この性質をコンシステンシーとよんでいる．

図6.2に示すようにそれぞれの状態に変化する境界の含水比は，液性限界(liquid limit: LL，w_L)，塑性限界(plastic limit: PL，w_P)，収縮限界(shrinkage limit: SL，w_S)とよばれる．これらの3つの境界をコンシステンシー限界といい，前二者の試験方法はJIS A 1205により，後者のそれはJIS A 1209に規定されている．

このコンシステンシー限界は，土の分類や土の工学的性質の推定に使われている．また，液性限界，塑性限界を用いて求められる塑性指数（I_P），液性指数

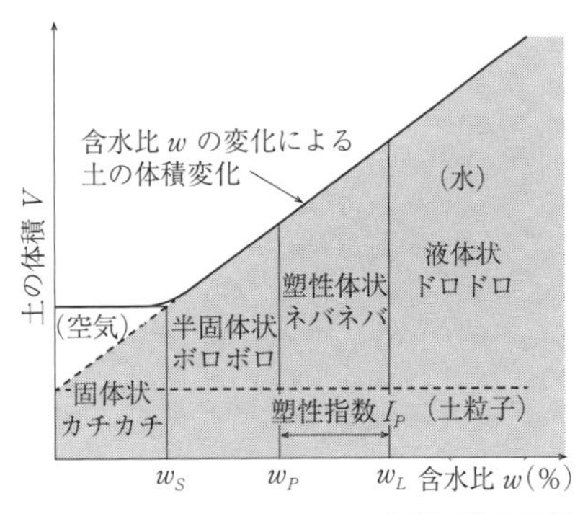

図 6.2　土のコンシステンシー限界（地盤工学会，2010，p. 39）

(I_L)，コンシステンシー指数（I_C）は土の工学的分類や自然地盤の力学的性質の指定に用いられる．

$$I_P = w_L - w_P$$

$$I_L = \frac{w - w_P}{w_L - w_P} = \frac{w - w_P}{I_P}$$

$$I_C = \frac{w_L - w}{w_L - w_P} = \frac{w_L - w}{I_P}$$

ただし，w：土の自然状態の含水比または与えられた含水比である．

g.　土の透水性と毛管現象

土中の水には吸着水，毛管水，自由水があり，土中における自由水の移動のしやすさを表す土の性質を透水性という．透水性は，土の種類や密度，飽和度により異なり，その大小は透水係数により定量的に示される．透水係数の測定は JIS A 1218 に規定する「土の透水試験方法」により求める．

地下水面に近い部分では，水の表面張力による毛管作用により，水が土の間隙内を上方に吸い上げられる．この土の間隙内に吸い上げられた水を毛管水とよび，毛管現象により上昇した水面の高さを毛管上昇高という．冬季に発生する凍上は，毛管現象が継続して起こる土に生じるものである．

h.　土の圧密とせん断強さ

土に圧縮力が作用すると，間隙中の空気や水が排除され，体積が減少（圧縮）する．透水性の高い砂質土の場合は比較的短時間で圧縮は終了するが，透水性の低い粘土の場合，間隙水の排除に時間がかかり，長時間にわたって圧縮が生じる．このように透水性の低い土が外力を受け，時間の経過とともに体積が減少していく圧縮を圧密という．土の圧密に関する試験方法は JIS A 1217，1227 に規定されている．この試験結果は地盤の沈下量と沈下時間の推定や，過圧密粘土と正規圧密粘土の判定に用いられる．

地盤上に構造物を構築する場合，構造物により地盤が破壊されたり，沈下したりすることの有無が重要である．粘土質地盤やシルト質地盤に荷重が加わると圧密は継続して起こり，その沈下量も大きいので，問題となる圧密は粘土質あるいはシルト質地盤について考えればよい．

地盤上に盛土をして路網を築設する場合，ある１つの面を境にして滑りが生じることがある．これは土に外力が作用すると，土中にせん断応力が発生し，ある面でせん断応力が土のせん断抵抗の値を超えたとき，その面に沿ってせん断破壊が起こるからである．このせん断応力に対抗する最大のせん断抵抗をせん断強さという．

土のせん断強さはクーロンの式で表される．

$$s = c + \sigma \tan \phi \tag{6.13}$$

ただし，s：土のせん断強さ，c：粘着力，σ：せん断面上にはたらく垂直応力，ϕ：せん断抵抗角（内部摩擦角）である．

土の強度定数 c と ϕ はせん断試験により求めるが，よく用いられる室内せん断試験には直接せん断試験としての一面せん断試験方法 JGS 0560，0561，間接せん断試験としての三軸圧縮試験方法 JGS 0521～0524 などが地盤工学会基準として制定されている．

路網の設計・施工にあたり，土のせん断強さを知ることは地盤や斜面の安定を考えるうえで重要である．

i. 土の締固め

土の締固めとは，土に転圧，振動，突固めなどを加え，土の間隙にある空気を排除し，土の密度を高めることをいう．土を締め固めると，間隙が減少し密度が大きくなるので，土の圧縮性の低下や透水性・吸水性の減少，せん断抵抗の増大などから，土の力学的安定度が高くなる．そのため，路網の施工では可能な限り土を締め固めて地盤を堅固にしておくことが求められる．土の締固めは，締固め時のエネルギーの大きさ，含水量，土の種類などに影響される．土の締固め特性は JIS A 1210 に規定する「突固めによる土の締固め試験方法」により知ることができる．この試験は，含水比を変えながら土を突き固め，得られた乾燥密度とそのときの含水比の関係を求めるものである．この関係は，一般に上に凸の曲線となり（図 6.3），最大乾燥密度が得られるときの含水比をその土の最適含水比という．

j. 締固めの管理

締固めの良否は盛土や路面の強度に大きく影響することから，土質に応じた適切な締固めを行う必要がある．林道の作設現場における締固め管理は，大別して品質規定方式もしくは工法規定方式によって行われる．品質規定方式は，締固め度（最大乾燥密度に対する現地締固め土の乾燥密度），空気間隙率（土の全体積に

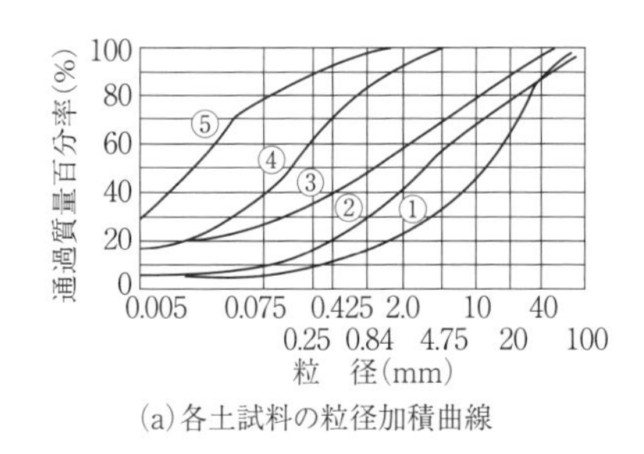

(a)各土試料の粒径加積曲線

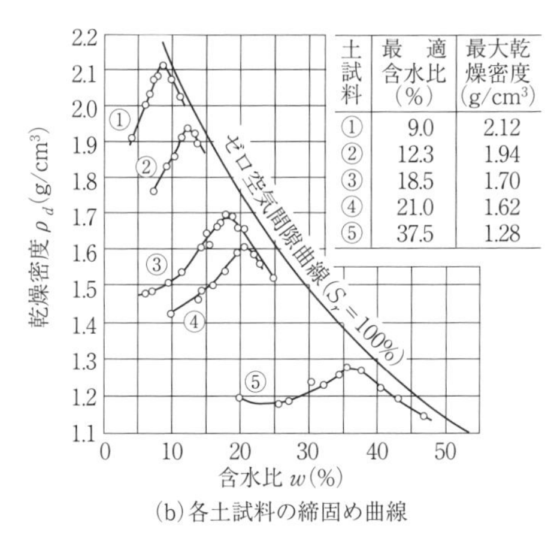

(b)各土試料の締固め曲線

図 6.3　代表的な土の粒径過積曲線（a）および締固め曲線（b）の例（地盤工学会，2009，p. 76）

占める空気の体積)，飽和度，土の支持力などの品質や強度に規定値を設けて管理するものである．この方式では，これらの指標を現場で計測することが必要となるため面的に管理することは難しい．

一方，工法規定方式は締固めの機械や回数などの工法を規定するもので，目標品質を実現しうる工法を事前に決定しておく必要がある．現場のなかで土質が大きく変化する場合には，その都度試験を行わなければならないため，土質条件などの変化が小さく，均質な現場に適する．

6.1.3　土の分類

a.　土の粒度

土は大小さまざまな土粒子から構成されている．土を構成する土粒子の粒径（図 6.4）の分布状態を粒度といい，土の工学的分類や力学的性質の推定，建築材料としての適否の判断などに用いられる．

b.　粒度試験

JIS A 1204 に規定される土の粒度試験方法は，JGS 0051「地盤材料の工学的分

粒　径(mm)
0.005　0.075　0.25　0.85　2　4.75　19　75　300

粘土	シルト	細砂	中砂	粗砂	細礫	中礫	粗礫	粗石(コブル)	巨石(ボルダー)
		砂			礫			石	
細粒分		粗粒分						石分	

図 6.4　土粒子の粒径区分とよび名（地盤工学会，2010，p. 27）

類方法」における石分を除いた粒径75 mm未満の土粒子から構成される土を対象として，0.075 mm以上の土粒子（砂，礫の粗粒子分）に適用されるふるい分析と，0.075 mm未満の土粒子（シルト，粘土の細粒分）に適用される沈降分析からなる．沈降分析では粒径が小さいためにふるいが使えないので，水の中に土粒子を入れて攪拌した懸濁液をつくり，懸濁液の密度が時間とともに変化していく様子を浮ひょうを用いて測定する．これにより粒径と通過質量百分率が得られる．粒度試験の結果から粒径加積曲線（図6.3）が作図され，粒度特性値（均等係数U_C，曲率係数U'_C，有効径D_{10}など）の判読と粗礫分～粘土分の質量百分率が求められる．

図6.3①，②のように粒径の大きな礫から小さな粘土まで幅広く含む土を粒径幅が広いといい，締固めによって密度が大きくなるため，強固な盛土を作設することができる．

c. 土の工学的分類

日本統一土質分類法として長年使われてきた分類法の適用範囲が土質材料から地盤材料へ拡張され，地盤工学会基準として「地盤材料の工学的分類方法」(JGS 0051-2009) が規定されている．この分類法は，観察結果と粒度により地盤材料と土質材

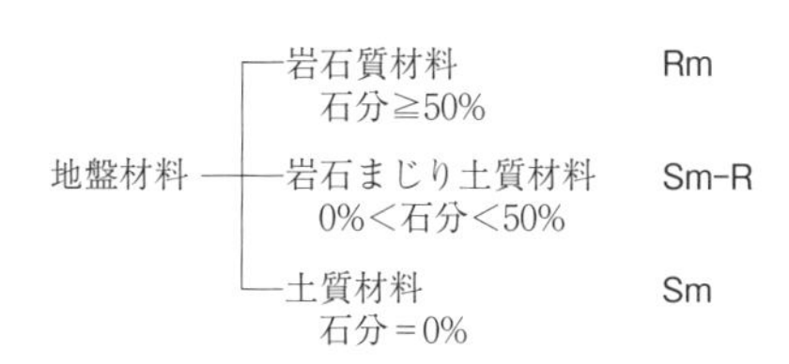

図6.5 地盤材料の工学的分類（地盤工学会，2009，p. 55）

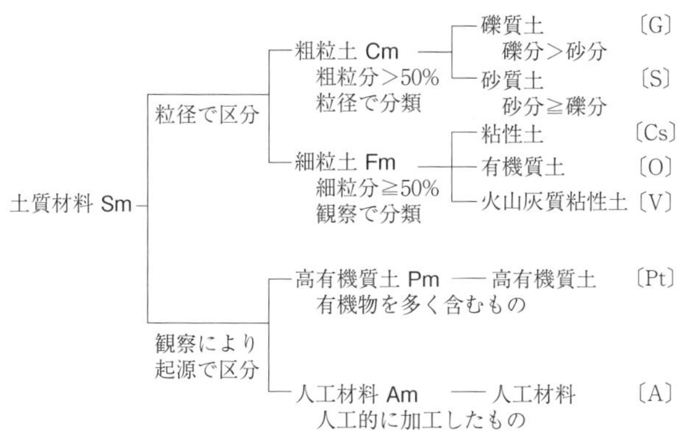

図6.6 土質材料の工学的分類（大分類）（地盤工学会，2009，p. 55）

表 6.1　分類記号の意味（地盤工学会，2009，p. 57）

	記　号	意　味
地盤材料区分	Gm	地盤材料（Geomaterial）
	Rm	岩石質材料（Rock material）
	Sm	土質材料（Soil material）
	Cm	粗粒土（Coarse-grained material）
	Fm	細粒土（Fine-grained material）
	Pm	高有機質土（Highly organic material）
	Am	人工材料（Artificial material）
主記号	R	石（Rock）
	R_1	巨石（Boulder）
	R_2	粗石（Cobble）
	G	礫粒土（G-soil または Gravel）
	S	砂粒土（S-soil または Sand）
	F	細粒土（Fine soil）
	Cs	粘性土（Cohesive soil）
	M	シルト（Mo：スウェーデン語のシルト）
	C	粘土（Clay）
	O	有機質土（Organic soil）
	V	火山灰質粘性土（Volcanic cohesive soil）
	Pt	高有機質土（Highly organic soil） または泥炭（Peat）
	Mk	黒泥（Muck）
	Wa	廃棄物（Wastes）
	I	改良土（I-soil または Improved soil）
副記号	W	粒径幅の広い（Well graded）
	P	分級された（Poorly graded）
	L	低液性限界（$w_L<50\%$）（Low liquid limit）
	H	高液性限界（$w_L \geqq 50\%$）（High liquid limit）
	H_1	火山灰質粘性土のⅠ型（$w_L<80\%$）
	H_2	火山灰質粘性土のⅡ型（$w_L \geqq 80\%$）
補助記号	$\overline{\bigcirc\ \bigcirc}$	観察などによる分類 （＊○○と表示してもよい）
	$\underline{\bigcirc\ \bigcirc}$	自然堆積ではなく盛土，埋立などによる土や地盤 （＃○○と表示してもよい）

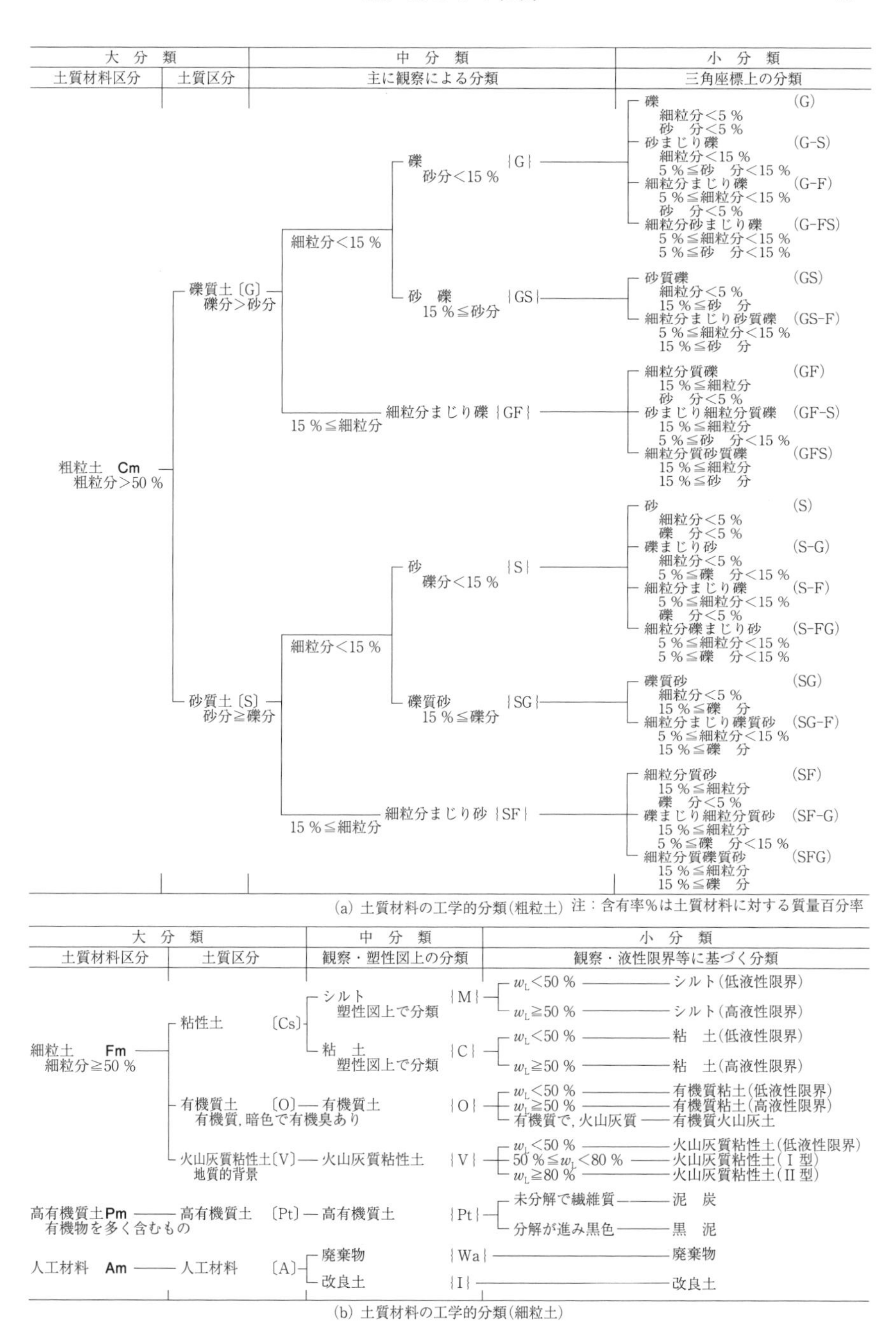

(a) 土質材料の工学的分類(粗粒土)

(b) 土質材料の工学的分類(細粒土)

図 6.7 土質材料の工学的分類（地盤工学会，2009，p. 56）

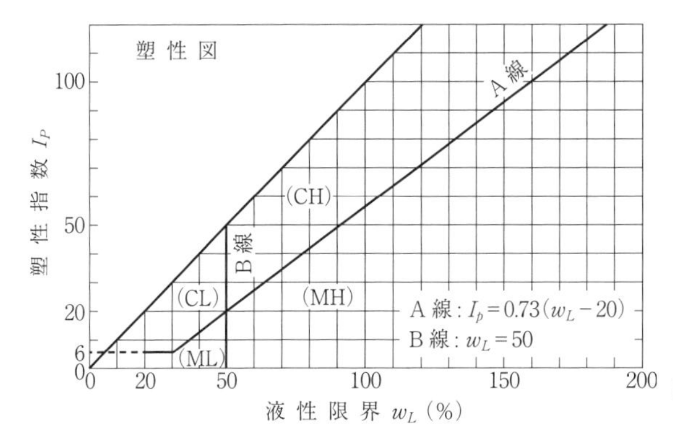

図 6.8　塑性図（地盤工学会，2009, p. 57）

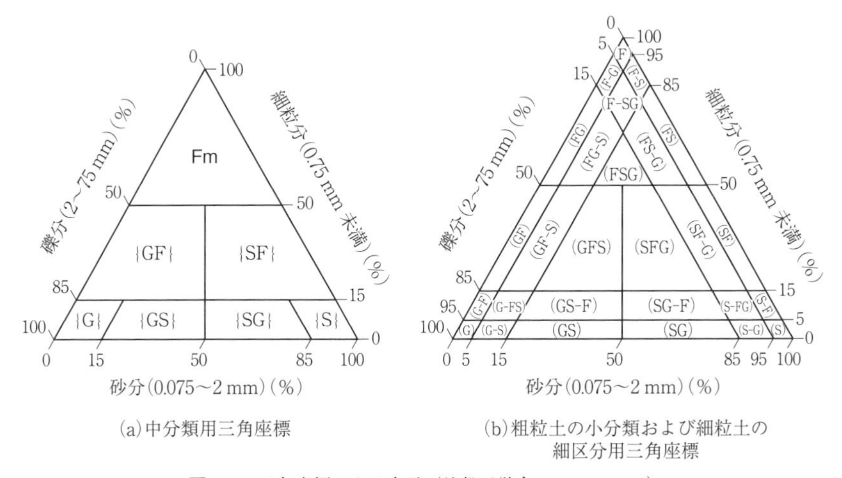

図 6.9　三角座標による表示（地盤工学会，2009, p. 59）

料を大分類し（図 6.5, 6.6），さらに粒度とコンシステンシーを用いて中分類，小分類に分類し，分類名と分類記号（表 6.1）を求める方法である（図 6.7a, b），なお，細粒度の中分類と小分類は主に観察と塑性図（plasticity chart，図 6.8），液性限界の値を用いて行われる．また，粒径加積曲線から求めた礫分，砂分および細粒分の割合を図 6.9 に示す三角座標に表示し分類することができる．

6.2　林道の構造と支持力

6.2.1　林道の構造

林道の横断方向の切土盛土部の断面を示したものが図 6.10 である．切土部と

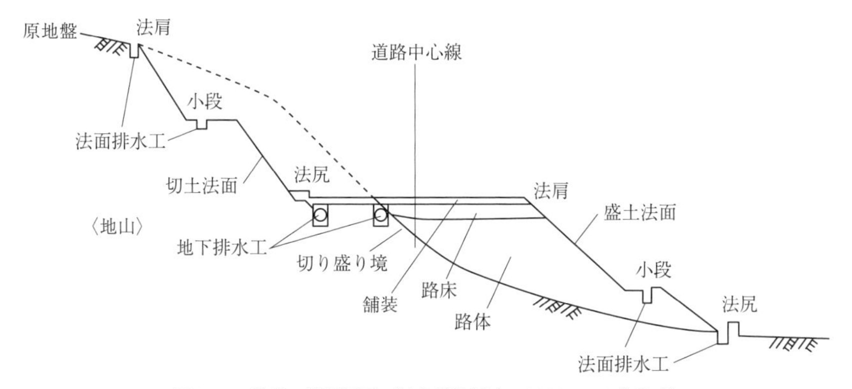

図 6.10　林道の横断面図（日本道路協会，2009，p. 6 を改変）

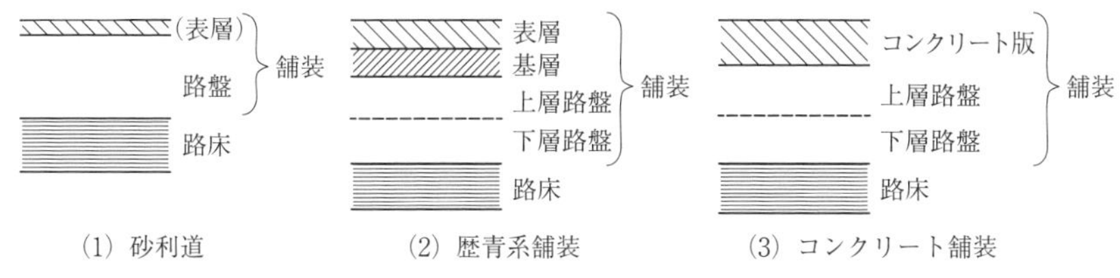

図 6.11　舗装の種類と構成（中尾，1988a，p. 55）

は，路床面が原地盤より低いために原地盤を切り下げて構造した道路の部分であり，盛土部とは路床面が原地盤面より高いため，原地盤上に土を盛り立てて築造した道路の部分をいう．図 6.10，6.11 にみられるように舗装は，路床面の上部に施工される表層および路盤などをいう．路床は舗装下面のほぼ均質な厚さ 1 m の土の部分で，舗装の厚さを決定する基礎となる．盛土における路床の下の部分を路体という．

林道規程第 22 条には，林道の路面は砂利道または舗装道とし，十分な支持力をもたせることが規定されている．図 6.11 は，舗装の種類とその構造を示したもので，表層は交通荷重を直接支持し，荷重を分散して下層に伝達する役割や下方への水の侵入を防ぐ役割がある．路盤は上部の表層とともに交通荷重を支え，上部から伝達される交通荷重を分散させ，路床に伝える重要な役割を果たす部分で，路床の許容支持力以下に荷重を低減分布するのに十分なだけの強度と厚さが必要である．

6.2.2 路床の支持力

路床の支持力は土の性質，締固めの状態によって異なるが，路床が弱ければ舗装は丈夫な構造にする必要がある．

路床の支持力を求める方法にはいろいろな方法があるが，一般に次の方法により測定する．

a. CBR 試験

CBR（California bearing ratio，路床土支持力比）試験は JIS A 1211 に規定する試験方法で，CBR は所定の貫入量における荷重の強さの，その貫入量における標準荷重強さに対する百分率と定義され，供試体表面に直径 50 mm の貫入ピストンを 2.5 mm または 5.0 mm 貫入させたときの荷重強さ（または荷重）を，標準荷重強さ（または標準荷重）に対する百分率で表したものである．

$$\mathrm{CBR}=\frac{\text{荷重強さ（荷重）}}{\text{標準荷重強さ（標準荷重）}}\times 100\ (\%) \tag{6.14}$$

標準荷重強さ（標準荷重）は貫入量 2.5 mm に対して 6.9 MN/m^2（13.4 kN），貫入量 5.0 mm に対して 10.3 MN/m^2（19.9 kN）である．

CBR には路盤材料の評価や選定に用いる修正 CBR と，舗装厚さの設計に用いる設計 CBR がある．

b. 路床の改良と凍上の防止

路床材料が不良のために支持力が不足する場合は，これを改良するために，良質な材料による置換工法，石灰やセメントなどによる安定処理工法を採用する．さらに，地中温度が 0℃ 以下になれば土中の水が凍結し，路面が持ち上がる凍上現象が発生するので，このために，凍上の発生しにくい材料による置換や遮断層を設置することも必要である．とくに，凍上と融解にともなう道路被害の防止には，地下水位を下げて排水をよくするために地下排水工を設けることと，吟味した路盤材料を用いて路盤の厚さを十分にとることが必要である．

6.3 土圧と擁壁の安定

擁壁は，路面，法面などの崩壊などを防止して路体を構築することを目的に設置され，現地地形，土地利用，環境などの諸条件により土構造物だけで路体を構築することが難しい場合に適用される．擁壁は土留め構造物の一種であり，地山

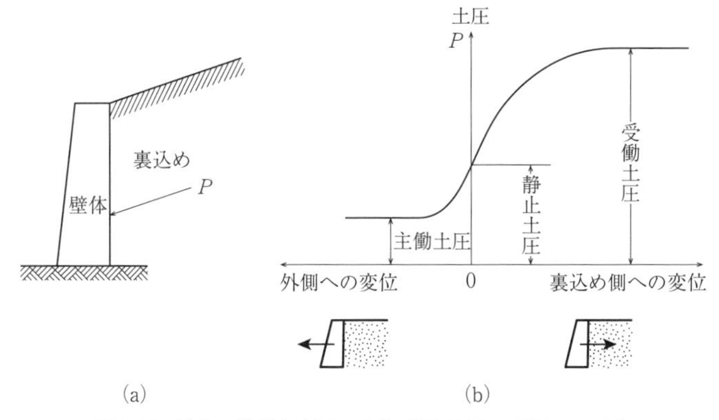

図 6.12　壁体の移動と土圧の変化（冨田ほか，2003，p. 110）

または盛土の圧力を支持する目的でつくられるもので，設計にあたっては圧力の大きさ・方向を知る必要がある．

6.3.1　土　　圧

a.　主働土圧，静止土圧，受働土圧

擁壁と土との境界面に作用する応力を土圧という．一般に，擁壁に作用する土圧は図 6.12 にみられるように壁体の変位との関係で，壁面と土が静止状態にある場合の土圧を静止土圧（P_0），壁面が外側へ土から離れるように変位する場合の土圧を主働土圧（P_A）といい，壁面が裏込め側へ移動する場合の極限の土圧を受働土圧（P_P）という．主働土圧，静止土圧，受働土圧の間には，図にみられるように主働土圧＜静止土圧＜受働土圧の関係がある．土圧理論は種々みられるが，これらの理論のうち土留構造物の設計にはランキン土圧論やクーロン土圧論がよく用いられる．

b.　ランキン土圧

土を粘着力のない粉体と仮定し，地盤がまさに破壊しようとする極限状態（塑性平均状態）にある場合の土中応力から土圧を求めたものが，ランキン土圧である．

図 6.13 に示すような地表面が水平な地盤

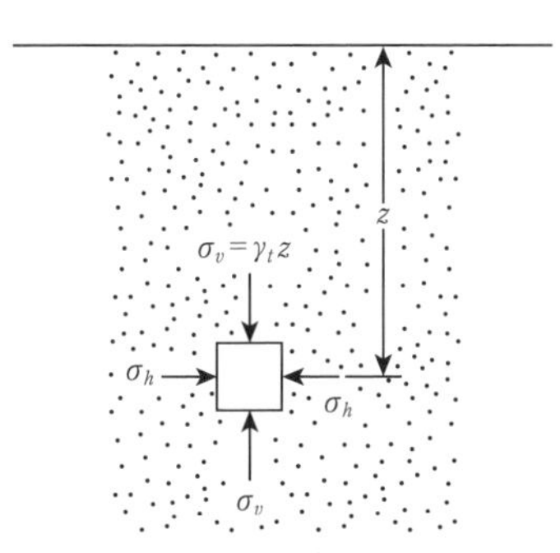

図 6.13　土中の応力（冨田ほか，2003，p. 111）

の場合，土の単位体積重量を γ_t とすると，地表面より深さ z における点の土中の鉛直応力 σ_v は

$$\sigma_v = \gamma_t \cdot z \tag{6.15}$$

で表され，塑性平衡状態にあれば σ_v を1つの主応力とするモールの応力円は図6.14のようになる．小円 C_A は σ_v を最大主応力，σ_A を最小主応力とする主働状態の，大円 C_P は σ_P を最大主応力，σ_v を最小主応力とする受働状態の応力円である．ここで，水平方向主応力 σ_h の鉛直方向主応力 σ_v に対する比を土圧係数 K とすれば，主働土圧係数 K_A，受働土圧係数 K_P は

$$K_A = \frac{\sigma_A}{\sigma_v} = \frac{1-\sin\phi}{1+\sin\phi} = \tan^2\left(45° - \frac{\phi}{2}\right) \tag{6.16}$$

$$K_P = \frac{\sigma_P}{\sigma_v} = \frac{1+\sin\phi}{1-\sin\phi} = \tan^2\left(45° + \frac{\phi}{2}\right) \tag{6.17}$$

になる．ただし，ϕ：土の内部摩擦角である．また，主働土圧 p_A，受働土圧 p_P は

$$p_A = \sigma_A = \gamma_t z K_A = \gamma_t z \tan^2\left(45° - \frac{\phi}{2}\right) \tag{6.18}$$

$$p_P = \sigma_P = \gamma_t z K_P = \gamma_t z \tan^2\left(45° + \frac{\phi}{2}\right) \tag{6.19}$$

となる．

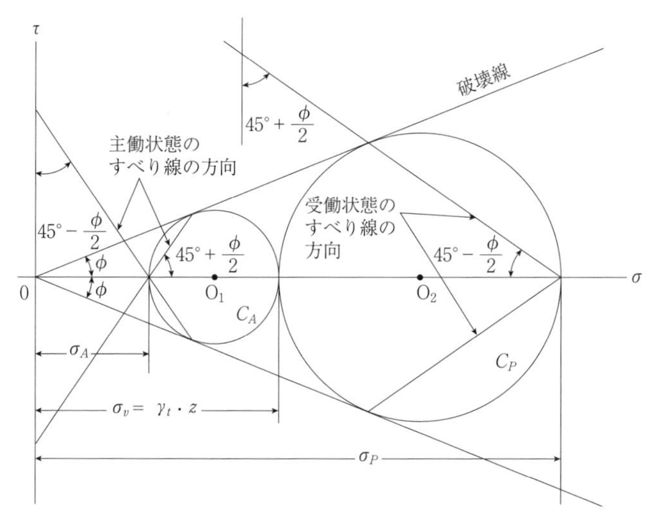

図6.14　主働および受働状態におけるモールの応力円（畠山ほか，1992）

高さ H の壁面に作用する主働土圧の合力 P_A，受働土圧の合力 P_P は式（6.18），（6.19）を地表面から壁面の下端まで積分することにより，次式で求めることができる．

$$P_A = \int_0^H p_A dz = \frac{\gamma_t H^2}{2} K_A = \frac{\gamma_t H^2}{2} \tan^2\left(45^\circ - \frac{\phi}{2}\right) \qquad (6.20)$$

$$P_P = \int_0^H p_P dz = \frac{\gamma_t H^2}{2} K_P = \frac{\gamma_t H^2}{2} \tan^2\left(45^\circ + \frac{\phi}{2}\right) \qquad (6.21)$$

地表面が水平に対して i 傾斜している場合は，

$$P_A = \frac{\gamma_t H^2}{2} K_A' \qquad (6.22)$$

$$K_A' = \cos i \frac{\cos i - \sqrt{\cos^2 i - \cos^2 \phi}}{\cos i + \sqrt{\cos^2 i - \cos^2 \phi}} \qquad (6.23)$$

$$P_P = \frac{\gamma_t H^2}{2} K_P' \qquad (6.24)$$

$$K_P' = \cos i \frac{\cos i + \sqrt{\cos^2 i - \cos^2 \phi}}{\cos i - \sqrt{\cos^2 i - \cos^2 \phi}} \qquad (6.25)$$

ただし，K_A'：主働土圧係数，K_P'：受働土圧係数で，土圧合力の作用点は壁面の底面から $H/3$ の高さの点であり，方向は地表面に平行に作用する．

c.　クーロン土圧論

クーロン土圧は図 6.15 に示すように，擁壁背面の土のくさび ABC が AB，AC を境にして滑り落ちようとするときの静力学的な力の釣り合いから主働土圧を求めるものである．いま，擁壁の背面と裏込め土との摩擦角を ϕ'，裏込め土の内部摩擦角を ϕ とすれば，図にみられるように主働土圧の合力の反力 P_A とすべり面

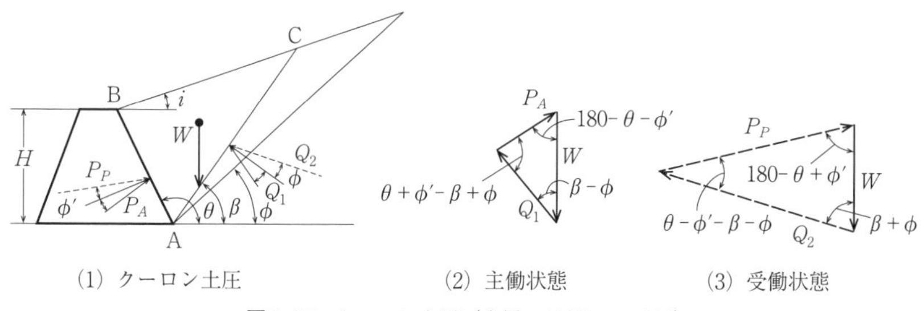

図 6.15　クーロン土圧（中尾，1988b，p. 121）

ACの反力 Q_1 の方向は定まる．これらの反力 P_A，Q_1 と土くさびABCの自重 W との力の釣り合いは図6.15（2）となるので，これにより，主働土圧 P_A は

$$P_A = \frac{W \sin(\beta - \phi)}{\sin(\theta + \phi' - \beta + \phi)} \tag{6.26}$$

で表される．

β は任意に与えられた角度であり，β の値によって P_A が変化することがわかるが，P_A が最大となるのは $dP_A/d\beta = 0$ のときであるから，式（6.26）を β で微分し最大の P_A を求めると

$$P_A = \frac{\gamma_t H^2 K_A}{2} \tag{6.27}$$

$$K_A = \frac{\sin^2(\theta - \phi)}{\sin^2\theta \sin(\theta + \phi')\left\{1 + \sqrt{\dfrac{\sin(\phi + \phi')\sin(\phi - i)}{\sin(\theta + \phi')\sin(\theta - i)}}\right\}^2} \tag{6.28}$$

となる．ただし，K_A：クーロンの主働土圧係数である．

図6.15で擁壁が何らかの外力を受け，裏込め土側に押し込まれたときは，土くさびABCは壁体背面ABとすべり面ACに沿って持ち上がろうとする．このとき，AB面にはたらく受働土圧の合力 P_P とAC面にはたらく反力の合力 Q_2 の作用する方向はAB，AC面上の鉛直線に関して，主働土圧の場合の反対側になる．受働土圧 P_P は主働土圧の場合の式（6.26）～（6.28）において ϕ' を $-\phi'$，ϕ を $-\phi$ と置き換えたものとなる．

$$P_P = \frac{\gamma_t H^2 K_P}{2} \tag{6.29}$$

$$K_P = \frac{\sin^2(\theta + \phi)}{\sin^2\theta \sin(\theta - \phi')\left\{1 - \sqrt{\dfrac{\sin(\phi + \phi')\sin(\phi + i)}{\sin(\theta - \phi')\sin(\theta - i)}}\right\}^2} \tag{6.30}$$

ただし，K_P：クーロンの受働土圧係数である．

土圧の合力の作用点は，主働，受働いずれの場合も擁壁下端から $H/3$ の高さにある．

6.3.2　擁　　壁

a.　擁壁の設計

一般に用いられる擁壁の種類は図6.16にみられるもので，林道設計においてはほかに特殊擁壁として，かご擁壁，枠組擁壁，井げた擁壁などがある．

一般的な擁壁では，擁壁背面から作用する主働土圧を外力とし，擁壁全面の根入れ部に作用する受働土圧を抵抗力として設計され，擁壁の設計では林道技術指針をはじめほとんどの設計基準でクーロン土圧が採用されている．

b.　擁壁の安定計算

擁壁の安定性は①滑動に対する安定，②転倒に対する安定，③基礎地盤の支持力に対する安定について検討を行う．図6.17に示すような重力式擁壁を例にすると，

①滑動に対する安定：擁壁を水平方向に滑らせようとする力とそれに抵抗する

種　　類	形　　状	特　　徴	採用上の留意点	経　済　性
ブロック積み(石積み)擁壁		• 法面勾配，法長および平面線形などを自由に変化させることができる	• 法面の保護 • 土圧の小さい場合（背面の地山が締まっている場合や背面土が良好な場合など）	• 他の形式に比較して経済的
重力式擁壁		• コンクリート擁壁の中では施工が最も容易	• 基盤地盤の良い場合（底面反力が大きい） • 杭基礎となる場合は不適	• 高さの低い場合は経済的 • 高さが4m程度以上の場合は不経済となる
もたれ式擁壁		• 山岳道路の拡幅などに有利 • 自立しないので施工上注意を要する	• 基盤地盤の堅固な場所	• 比較的経済的である
片持ち梁式擁壁［逆T型／L型］		• かかと坂上の土の重量を擁壁の安定に利用できる	• 普通の基礎地盤以上が望ましい • 基礎地盤のよくない場合に用いられる例はある（底面反力は比較的小さい）	• 比較的経済的である
控え壁式擁壁		• 躯体のコンクリート量は片持ち梁式擁壁に比べ少なくなるが施工に難点がある	• 基礎地盤のよくない場合に用いられる例はある（底面反力は比較的小さい）	• 高さ，基盤の条件によって経済性が左右される

図6.16　擁壁の種類（地盤工学会，1999，p. 656）

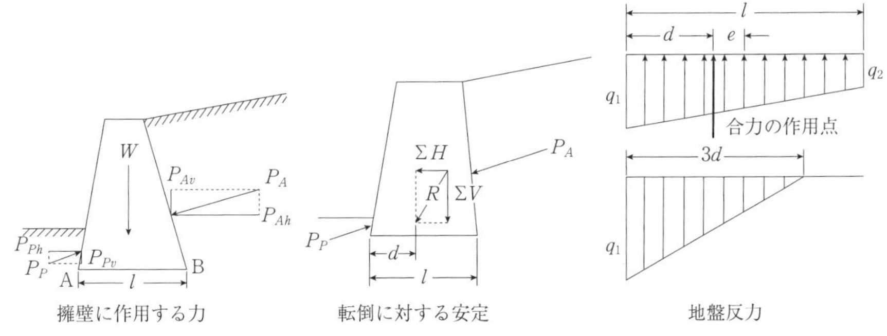

図 6.17　重力式擁壁の安定（畠山ほか，1992）

力から F＝滑動抵抗力/滑動力＝$(\mu\Sigma V+cl)/\Sigma H$ を求め，F が 1.5 以上あることを確認する．ただし，$\Sigma H=P_{Ah}-P_{Ph}$，$\Sigma V=W+P_{Av}-P_{Pv}$，μ：摩擦係数，c：粘着力である．

②転倒に対する安定：土圧の水平分力などにより底面の前端 A のまわりに回転しようとするモーメント M_0 と擁壁の自重や上圧の鉛直成分などによる抵抗モーメント M_r から $F=\Sigma M_r/\Sigma M_0$ を求め，F が 1.5 以上であることを確認する．また，合力 R の作用位置が底版幅 l の中央 1/3 内にあることを確認する方法もある．

③基礎地盤の支持力に関する安定：擁壁の自重や土圧などによって生じる地盤反力 q_1，q_2 と地盤の許容支持力 q_a を比較し，$q_1 \leqq q_a$，$q_2 \leqq q_a$ であることが必要である．擁壁底面前端部 A から合力 R の作用点までの距離を d，底面中央からの偏心距離を e とすると，

(a) $d \geqq l/3$ のとき，反力 q_1，q_2 は

$$q_1,\ q_2=\frac{\Sigma V}{l}\left(1\pm\frac{6e}{l}\right) \tag{6.31}$$

(b) $d<l/3$ のとき，反力 q_1 は

$$q_1=\frac{2\Sigma V}{3d} \tag{6.32}$$

となる．　　［鈴木秀典］

演習問題

(1) 土の湿潤密度 $\rho_t=2.00\ \mathrm{g/cm^3}$，含水比 $w=50.0\%$ のとき，土の乾燥密度を求めな

さい.

(2) 土の含水比 $w=30.0\%$，土粒子の密度 $\rho_s=2.60\ \mathrm{g/cm^3}$，間隙比 $e=1.20$ のとき，土の飽和度を求めなさい．ただし，水の密度 $\rho_w=1.00\ \mathrm{g/cm^3}$ とする．

(3) 以下の文章において適切な用語を選びなさい．

土の締固め曲線の一般的な特徴では，細粒分が多くなるほど図の{右下方・左上方}に位置するようになり，相対的に最適含水比は{低く・高く}，最大乾燥密度は{低く・高く}なる．また，曲線の形状は{鋭くとがった・なだらかに広がった}形状となる．

第7章

作業道の開設技術

7.1 崩壊危険度と路線選定

山岳域の路網は，開設費用や施工方法などの制限があり，ハード対策のみでの安定性確保は困難であるため，路線選定を行う際には，壊れにくい斜面を通すことがもっとも重要である．その理由は，いったん大規模な山崩れを起こせば，地山を巻き込んで復旧不能な大規模災害を起こし，路網が使用困難になることで，林業経営が持続不能になりかねないほどのダメージが及ぶためである．そのため，路線選定にあたっては，そのような土砂災害リスクを最大限に回避する必要がある．

崩壊危険度を考慮した路線選定を行うためには，作業道の技術が有効である．日本の山々に建設されてきた林道が土木技術に基づいたものであったのに対して，作業道は土構造を基本とし自然と調和した林業技術によってつくられる道である．そのような道は，長大な法面をコンクリートで固めたりトンネルを掘ったりすることもなく，崩れにくい安定した斜面を選びながら低コストでつくられている．このような，崩壊危険度の評価に基づいて路線選定を行う作業道の技術は，より高規格な林道にも適用できるものであり，大規模な豪雨災害が顕著にみられる昨今，その重要性が増している．

山腹の斜面は長い年月の侵食作用の結果として安定した状態にあるが，山腹に道を通すことにより地山よりも急な人工斜面（法面）が生まれることになる．そのような地山よりも不安定な道の法面が誘発する大規模災害を回避するために最大限の努力が必要であるが，森林路網を構成する作業道は，不特定多数の車両や人が通行する一般道路に比べると法面の安定化工事にコストをかけることができない．そのため，作業道は安定した斜面を選んで路線を計画することが不可欠となるが，崩壊を引き起こす地中の水の流れを可視化できない現状では，崩壊が発生する場所をピンポイントで予測することは不可能に近い．そのため，地形図や航空写真の情報に現地踏査の状況も加味して崩壊危険度を確率的に評価することで作業道の路線が決定される.

崩壊危険度の指標として信頼性の高い要因に地山の傾斜がある. 急傾斜地は物理的にも不安定であり, 確率的にも崩壊が多く発生している. 急傾斜地に作業道を開設すると, 必然的に切土法面（切土斜面）が高くなり大規模崩壊のリスクが大きくなる. 大阪府の大橋慶三郎が提唱し, 奈良県の岡橋清元らが実践する作業道（以下, 大橋式作業道）（大橋・神崎, 1990）においては, 切土法面の高さを樹木の根系の影響が及ぶ範囲を考慮して直切りで1.4 mまでとしているが, 急傾斜地では切土法面の高さを抑制することは幾何構造的に難しくなる. 急傾斜地では盛土法面（盛土斜面）の安定性も低くなり, これが崩れると土砂が谷筋まで一気に流れ落ちることもある. したがって, 傾斜がゆるやかな斜面を選定して作業道を開設することがもっとも安全度の高い方法と考えられる. 斜面にはタナとよばれる傾斜がゆるくなっている部分があり, ここに道を通すことが推奨されている. 斜面の傾斜は等高線が入った地形図から簡単に読み取れ, GISを用いればリスク評価を自動化することも可能であるため, 崩壊危険度の指標としての実用度は非常に高い.

斜面の凹凸形状も崩壊危険度の指標として有効である. 谷筋の凹型地形は地表流が存在していることを示しており, 作業道の開設にはリスクの大きい不安定な場所であることを示唆するものである. 恒常的な地表流がみられない谷筋の凹型地形であっても, 降雨時や降雨後に流水がしばしばみられるため, 作業道の計画時には水の存在をつねに意識しなければならない. 一方, 凸型地形は稜線の尾根とそこから分岐する支尾根にみられるが, 通常どちらも安定度が高く, 作業道の路線選定では, 傾斜のゆるい支尾根にヘアピンカーブを配置しながら高度を稼ぐことで稜線の尾根まで到達するのが基本となる. 傾斜がゆるい支尾根に作業道を通すことによって, そこに土場を配置したり集材ポイントをつくったりすることも可能になる. 凸型地形のなかでも稜線の尾根は安定度が高いが, その直下には侵食前線があり, しばしば傾斜が急になっている. 稜線尾根直下の凹地形の部分は谷頭・0次谷ともよばれ崩壊リスクが高く, 作業道はそのような斜面を避けながら計画することが望ましい. 傾斜と並び斜面の凹凸形状は地形図からの判断が容易であり, GISを用いたリスク評価に用いる指標としての有用性は高い.

その他に崩壊危険度の指標となる地形には, 崩壊地や地すべり地といった斜面がすでに不安定になっている場所があり, これらは地形図や航空写真から判断することができる．また，傾斜がゆるくなっている場所であっても，斜面下部に多くみられる崩積土の堆積した場所に道を通すと，切土法面が不安定となり容易に崩れることがある．岩が露出しているような場所も，油圧ショベルで岩を破砕するのが困難であるため，道を通すのは避けたほうがよい．このような場所は航空写真でも岩の露出がみられ，樹木の生長が悪いため航空写真では白っぽくみえることで判読が可能となる．航空写真上で筋状の線がみえる断層や破砕帯も避けるべきところとされている．これらの場所は傾斜や地形の凹凸に比べるとGISで自動判断するのは難易度が高く，技術者の知識と経験に基づく目視判断が要求されるところである．

大橋式作業道では，高度を稼ぐ道を幹線，そこから平行に伸びる道を支線とした魚骨型の森林路網を採用している．幹線は車両の移動に重点を置いており，安定した尾根を利用して配置しつつ，必要に応じて簡易舗装も導入するなどして移動の利便性や安全性を確保し，排水の工夫により崩壊に対する安全性を高めている．一方，支線には路網密度を高める役割があり，コストを抑制した支線によって林地の隅々までネットワークを張り巡らせ，車両による集材可能な範囲を最大化することで育林や集材のコスト低減を図っている．幹線と支線の役割分担が曖昧になった勾配のある道では車両を使った集材作業が困難になる．森林路網の本質的な役割を考えたときに，幹線・支線の役割分担を明確にした魚骨型の路網配置は合理性が高く，それらを組み合わせた計画的な路線選定が必要となる．

7.2 路線選定と地理情報

路線選定は，効果的な集材が可能な配置と，災害リスクの低減を両立しながら，複数の路線候補から検討しなくてはならないため，技術者には高度な技術や経験が求められる．それらを支援する方法として，地理情報を利用したコンピュータによる路線選定技術の研究が進められ，グラフ理論やダイナミックプログラミングを用いて，勾配などの条件を満たしながら，土工量を最小化する路線配置手法（神崎，1973；酒井，1982；小林，1983）や到達林分へ効率的な配置を行う手法など（酒井，1983）が開発された．崩壊危険度を評価した路網配置手法としては，Yoshimura（1997）によるファジィ理論とグラフ理論を組み合わせて安定した尾根をつないで幹線を計画するものがある（図7.1，7.2）．このシステムでは

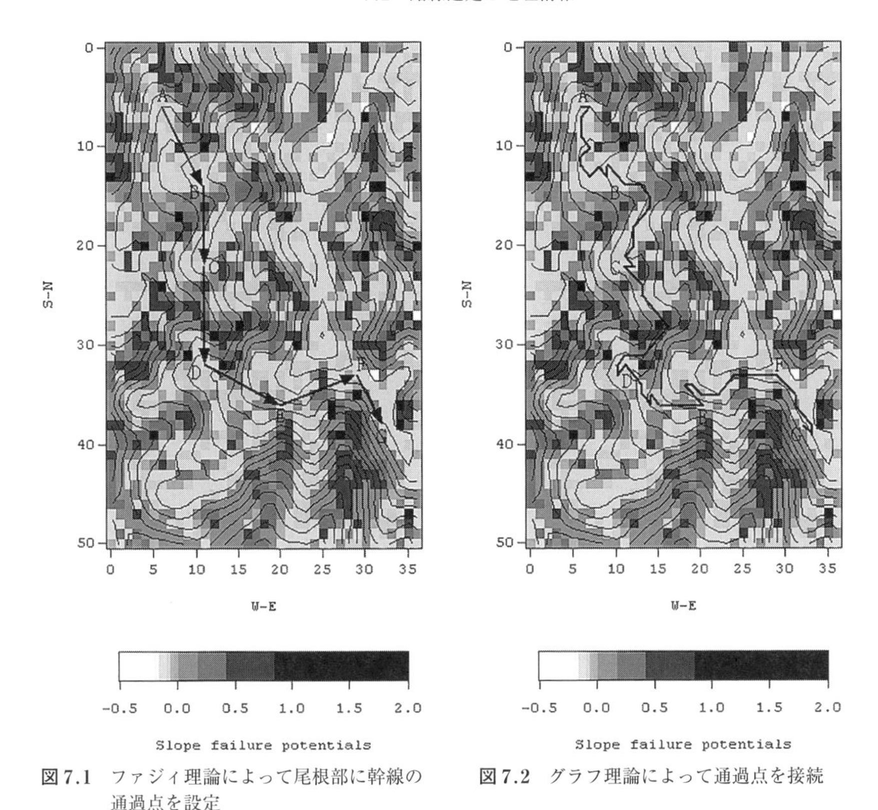

図 7.1　ファジィ理論によって尾根部に幹線の通過点を設定

図 7.2　グラフ理論によって通過点を接続

1/5000 地形図の等高線から 20 m の数値地形図をつくり,「傾斜」「斜面形状」「傾斜変換点」「集水面積」という 4 つの要因から崩壊危険度を判定している．これらの手法によって，地理情報を活用した路線選定手法の有効性が示された．一方で，路線選定に利用される地理情報も計測技術，情報処理能力の向上によって精度が向上してきた．初期の自動設計手法開発時の地理情報は，地形図からデジタイザによるデジタル化を行っていた．そのため，DEM（Digital Elevation Model）のグリッドサイズが 10 ～ 250 m 程度であり，入力作業も煩雑であったため，地形再現性と広域での情報整備に課題があった．2000 年代に入り，地理情報の電子化が進められ，国土地理院が全国で 10 m メッシュの数値地形情報を提供するとともに，航空機レーザによる計測が普及し，1 m メッシュ程度の DEM の整備が各地で進んだ．山岳林におけるレーザ計測は，林分状況や下層植生による影響を受けるため，地形情報と地物情報を分けるためのフィルタリングを行う必要がある．

とくに路線選定には，遷急線，遷緩線，棚地形，歩道跡など微地形の形状を把握することが重要であるが，過度にフィルタリングされることで，必要な地形情報が削除されてしまうこともあった．そのため，必要な地形情報を高精度に再現する手法なども考案されてきた．

近年では，情報処理技術やフィルタリングアルゴリズムの発展により，一般的なPC上で，容易にフィルタリング処理が行えるようになっている．また，レーザ計測は照射時の地上点密度によっても地上の再現性が異なるが，波形として反射波を計測できる機器や，地上設置型，UAV（unmanned aerial vehicle，無人航空機）搭載型のレーザ計測機が発達しつつあり，従来よりも精緻な高解像度地形情報が利用可能になりつつある．

これらの高解像度DEMを用いた路線選定手法（Saito *et al.*, 2008）も開発され，スプライン補間による曲線設計や，詳細な横断面積から土工量を算出することが可能となったため，従来の地理情報を用いた手法に比べ，路線設計の精度が向上し，実際の路線選定にも活用できるものとなってきた．また，レーザによる3次元測量からは，正確に資源量や林分状態を評価することが可能となってきたため，要間伐林分や資源の充実した林分を抽出し，路網配置計画を検討する技術や，集材作業に有効な土場をネットワークとして効率的に接続する手法などが開発された．

その後，グラフ理論における最適化問題を応用することで，より広域での路線選定が可能となってきており，住友林業株式会社と森林総合研究所の白澤紘明の共同開発によるForest Road Designer（FRD）という林道や作業道を自動設計するシステムが実用化されている．このシステムでは航空レーザ計測で得られた精緻な地形データに基づいて，縦断勾配や幅員などの幾何構造，掘削費用，排水構造物などのコストパラメータを調整して林道や作業道の線形案を自動設計するものであり，急傾斜地を回避して安全な道づくりを支援する機能も備えている．また，地形情報の精緻化により，地形の判読支援技術も発展しており，地形の凹凸を強調する図法であるCS立体図や赤色立体地図などが開発されている．これまで，習熟した技術者が地形図から傾斜，曲率，標高などを読み取り，危険地形を総合的に判読していた．この技術の習得には多くの経験が必要となるが，高解像度情報を用いて地形判読を支援する手法としてCS立体図が開発された．CS立体図は主にレーザ計測によって得られた，高解像度地形情報（1 mメッシュ程度）に曲率，傾斜，標高を強調して着色を行う図法で，習熟した技術者でなくとも危険地形（地すべり，断層，0次谷）の判読が容易となり，路線選定時に回避を検討することができる．近年では，AIによる画像判読や地形解析手法の発達で，これまで判定が難しいとされていた小規模な表層崩壊リスクを判断できるようになりつつある．これらの地形や路線選定の情報はデジタルデータであるため，ハンディ型GNSSレシーバやスマートフォンに現在地と重ねて表示することが可能である．それにより，現地での路線踏査や状況確認の利便性が飛躍的に向上するため，このようなナビゲーション型システムの普及が進んでいる．

さて，崩壊危険度を考えて計画した道であっても，斜面内部の水の流れまでは見通せないが，道を通した後であれば切土法面に水が噴き出す穴（パイプ）がみられるなど，これまでわからなかった災害の予兆を発見することができる．道の崩壊要因はほとんどの場合水であるから，大雨が降るときに作業道に赴いて，どこから水が出ているか，どこを水が流れているか，どこに排水されているかを目視確認することで，災害を未然に防ぐことも可能になる．とくに勾配のある作業道の路面で雨水が集中していたり水の流れが加速したりしているところがあれば，それを適切に排水しなければならない．作業道の災害は開設後5年以内に多く起こっており，この期間にいかに道をケアするかが重要である．

［吉村哲彦・齋藤仁志］

7.3　作業道に用いられる土工技術

7.3.1　作業道の作設費と維持管理費

林道と異なり，作業道は主に，間伐などの施業にあわせて開設あるいは既設路網を補修して使用される．開設・補修にかかる費用は，施業時に林業事業体が得られる補助金および木材売上の範囲内でまかなわれることが多く，路線選定のほか耐久性や安全性など，十分な検討が行われずに施工される例もみられる．路網開設・補修にかかる出費を抑えることを目的として，各地域の気象条件や使用できる部材について，地域ごとに多くの工夫がされてきた．7.2節で述べられた路線選定も，豪雨などで被災しにくくすることによって，維持管理費用を低減する努力の1つである．

図7.3は路網開設単価と，その後の維持管理にかかる費用との関係の模式図である．森林作業道は繰り返し使用が原則とされており，施業後の維持管理費を考

慮して，適切に構造物を設置することにより，路網の作設と維持管理にかかる総費用を下げる必要がある．

ここで，xを開設単価（円/m），作業道の耐用年数Y（年）における年平均維持管理費（円/m・年）を表す曲線を$f(x)$とすると，路線の開設と維持管理にかかる総費用$TC(x)$は，式（7.1）で表される．

$$TC(x)=x+Yf(x) \qquad (7.1)$$

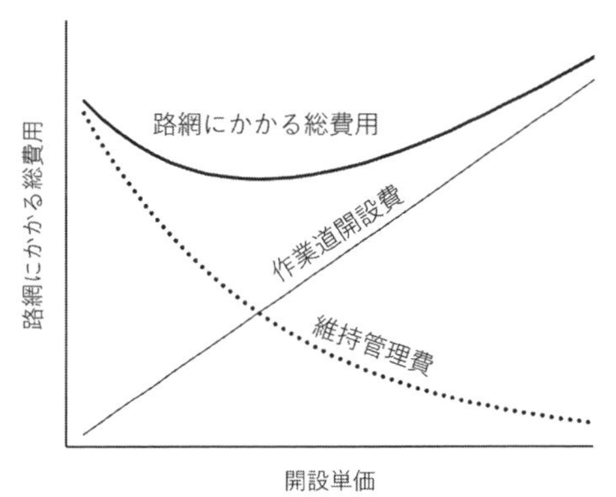

図7.3　開設単価と総費用の関係

一般に$f(x)$は，各路線における地質や気象条件，路網の使用方法，材料の調達方法，工法の工夫などによって異なる形状の単調減少関数となり，それぞれの$f(x)$において$TC(x)$を最小にするx（$x \geq 0$）が存在する．この開設単価をm（円/m）とすると，mは$TC'(x)=0$となる式(7.2)を解くことで求めることができる（ただし$m<0$となる場合は$m=0$）．

$$f'(m)=-\frac{1}{Y} \qquad (7.2)$$

たとえば，$f(x)$が式（7.3）で表されるとする．

$$f(x)=ab^{cx} \qquad (7.3)$$

ここで，aは年平均維持管理費の上限値（$=f(0)$），bおよびcは年平均維持管理費の減少形状を決定する係数（$0<b<1$）である．このとき，

$$TC'(x)=1+acY(\log b)\,b^{cx} \qquad (7.4)$$

であるため，$TC(x)$を最小にする開設単価m（円/m）は，式（7.5）で算出することができる．

$$m=-\frac{\log(-acY\log b)}{c\log b} \qquad (7.5)$$

図7.4は，ある条件下における耐用年数と路網にかかる総費用$TC(x)$の関係を示している．$TC(x)$を最小にする開設単価mは耐用年数によって大きく異なり，長く使用する路網ほど開設時に維持管理費を減らす工夫をすることが重要となる．

以下では，各地域で多くの先達が生み出した維持管理費低減の工夫と土工技術の事例をあげ，解説を加える．ただしこれらの技術は，地質や気象条件だけでな

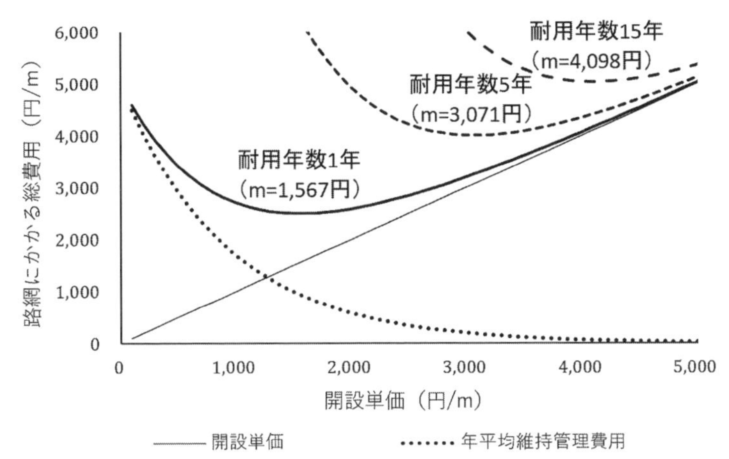

図 7.4　耐用年数と適切な開設単価の関係の例（$a=5000$，$b=0.7$，$c=0.003$）

く，立木の質やサイズ，作業システム，木材販売方法を含めた総合的な林業の経営環境下において，それぞれの地域の特性をうまく利用して確立されてきたものである．他地域への応用にあたっては，その技術の目的と仕組みなどについて十分に理解した上で，各地域の特性にあわせたアレンジが求められるものであることに注意が必要である．

7.3.2　維持管理費を低減するための工夫

作業道開設後の維持管理費は，主に気象災害による路体損傷に起因し，とくに降雨によって路体が損傷することを避けることが重要である．大規模な崩壊が生じた際には，周辺の立木価値を損なうばかりか，場合によっては路線の先の林分全体の価値を低下させ，下流地域の住民の生命や魚類などの野生生物の生息環境を脅かす危険があるため，その賠償を含めると維持管理費は莫大なものとなる．維持管理費を低減するために，下記の事項を中心に，全国でさまざまな工夫が行われてきた．

a．危険箇所を避ける

路線計画時に危険箇所を避けることは，維持管理費を低減する上でもっとも重要である．しかし，どうしても危険箇所を通過せざるを得ない状況も多く，その場合には少々費用がかかっても重点的に補強しておく必要がある．危険箇所が多く存在する地域では，危険箇所をこまめに避けることができるよう，幅員をできる限り小さくし，ヘアピンやスイッチバックなどを設置するなどの対策がとられる．

b．法面高を低くする

作業道は土構造を基本にするため，法面での土砂移動を抑制することが難しい．とくに切土法面は，土砂の安定勾配よりも急な角度で設計せざるを得ないため，これを安定させるには，樹木の根系支持力を利用する方法が有効である．最大根系深さは土質や傾斜，樹木サイズによって変わるが，スギでは1.0～2.3 m（掛谷ほか，2016；刈住，1957），ヒノキで1.7 m（刈住，1957）という計測結果がある．実際の支持力は根系の形状や立木位置からの距離によって変わるが，根系深さ以上の法面は不安定になり，崩壊しやすい．一般的に，切土法面高が1.2～1.4 m程度までは直切とし，それ以上では勾配をつけて土砂の安定を図る．切土法面下部に木組工を行うこともある．

法面高を低く抑えるためには，路線計画において地山傾斜が小さい箇所を選定するほか，幅員を最低限にするなどの工夫がされている．

c．転圧を十分に行う

路盤の締固めが十分でないと，雨水の流入による路体損傷の危険が高くなる．少なくとも20～30 cmの層ごとに十分に転圧し，路面支持力を高める必要がある．転圧の際には，路面の山側から谷側にかけて均一に転圧しなければ，作業道を使用しているうちに路肩が沈む不等沈下が生じ，走行が危険になることがある．転圧しやすさは土砂の含水比によって変わるため，施工時の天候にも注意が必要である．また枝条などの有機物は土と異なり，徐々に腐朽して体積が減少して沈み込みの原因になるため，路体を構成する土砂に混入させない．

なお，四万十帯など礫が多い地域では，森林土壌の下に礫が多く含まれていることが多い．こうした地域では転圧の効果を高めるために，路体の下部を掘り返して出てくる礫を，路体を構成する土砂に混ぜ込む（天地返し）ことにより，粒径幅の広い転圧しやすい土質にして支持力を高めることができる（6.1.3項b.参照）．一方，火山灰性土壌や風化花崗岩のまさ土など，転圧が効かない土質の場合は，転圧によって路面支持力が低下することがあるため，掘り返さずに砂利などを敷くなどの工夫が行われる．

d．適切に排水を行う

路体損傷の多くが降雨に起因する．降雨時には森林地表への降水が表面流および中間流となって斜面下方に流下し，路網の法面から路面に到達する．路面に到達した水は，路面に直接降下した降水とあわさり，その多くが路面を流下する．すなわち，路面が排水路として周辺の降水を集めてしまうことになる．未舗装の作業道では，路面水は道の表面土砂を侵食しながら流下し，リル侵食（細流侵食）が生じる．路面水は盛土最上部など透水性の高い箇所から路体に侵入してガリ侵食（雨裂侵食，地隙侵食）を発生させ，路体そのものを崩壊させることになる．

こうした水による侵食を防ぐため，一定間隔での横断排水溝の設置や，縦断勾配などの路面形状を調整して常水のある沢や崩壊の危険が少ない尾根に分散排水する工夫がなされる．この際，林内に流下する排水の流速が速くなると林地の土壌が侵食されるため，排水の流末処理として落水位置に石を設置したり沈砂池を設置したりする工夫が推奨される．

一方，リル侵食は路面水の流速に関係することから，路線全体の縦断勾配を低く抑えたり，スギなどの枝条を敷いたりする対策が有効である．湧水の処理も重要で，湧水箇所の下部では横断排水溝の間隔を狭くする，路線山側に側溝を設置して水を安全な排水場所まで誘導する，などの対策がとられる．降水量が多くなった場合，地下水位の上昇によって平常時では予想できない場所から湧水が発生することがあることから，平常時におけるリル侵食，ガリ侵食の確認や雨天時の水の流れのチェックによって，排水方法を改善することが重要である．

e.　現地で調達できる資材を利用する

擁壁やＵ型溝，砂利などは，路体の維持に高い効果を発揮するが，作業道で使用するには費用がかかりすぎる．そこでこれらの類似物を作業道作設地域周辺から調達する工夫がされている．たとえば作設時の支障木は，路体補強のための木組み構造物や，切土法面の補強，ぬかるんだ箇所や谷渡り箇所の排水などに使用される．岩や転石が多い地域では，作設時の切土法面に露出した岩を砕いて砂利舗装材として使用されるほか，石積みで盛土や路面を補強，急傾斜で盛土の構築が困難な場所で安価にかご枠工を設置，という利用が可能となる．また盛土法面の安定化を図るため，埋土種子が多く含まれる表土を緑化資材として利用したり，支障木の伐根が埋め込まれたりすることがある．

多くの場合，こうした方法はあくまで工業用製品の代用であり，その強度や耐用年数などについて，十分な配慮が必要である．たとえば上記の伐根は有機物であり，腐朽によって強度や体積が減少するため，路肩の沈み込みの原因となる危険がある．

なお近年では，簡易横断排水用資材（止水板）やジオテキスタイルなど，作業道での利用を念頭に置いた安価な補強製品も開発，利用されている．

f.　その他

十分な踏査を行って危険箇所を避けるよう設計した場合でも，実際に掘削してみないと土の状況は正確に把握できない．作設中に柔軟に路線や工法を変更することは，維持管理費の低減において非常に重要な要素である．またc.で述べたとおり，転圧の効果は土の含水比によって変わるため，天候によって柔軟に作業内容を変更することも重要である．たとえば作業道作設オペレータが雨天時に支障木の造材作業など別の業務を行えるよう，多能工化に取り組むことも有効とされる．

維持管理費は使用する機械や頻度などによっても変化する．たとえばクローラ式の走行機械は，カーブや坂で路面の土を掘るように進むため，路面の損傷が激しい．損傷が激しくなる箇所では路面に枝条を敷くなどの工夫が行われる．また前輪がホイール，後輪がクローラであるハーフクローラ式機械は，カーブにおける路面の損傷を低減させる効果がある．

7.3.3　土　　工

作業道は林道と異なり，作設時に土捨場を確保することが難しいため，路線全体では切土量と盛土量を等しくすることが原則となる．土工量は地山傾斜および幅員とともに大きくなり，また法面を安定させるための工夫も必要となる．

a.　森林作業道作設指針

作業道作設における基本土工については，2010（平成22）年に林野庁によって「森林作業道作設指針」（以下，指針とする）が示されている．この指針では大まかな方針のみが示され，各地域の地形・地質，気象条件などを踏まえた上で，都道府県としての作設指針を整備，普及することが求められている．

指針では，幅員は地山傾斜によって分類され，25°以下の場合には3.0 m，35°以上の場合には2.5 mとする基準が示されている．急傾斜地となる後者の場合，丸太組などの構造物を計画しないと作設困難であり，経済性を失ったり，環境面および安全面で対応が困難である場合には，無理に作業道を作設せず，架線集材を検討する方針となっている．

縦断勾配はおおむね10°（18%）以下で検討し，やむを得ない場合には，短区間に限り14°（25%）で計画し，12°（21%）を超え危険が予想される場合にはコンクリート路面工を検討する．排水処理の重要性についても触れられており，原則として路面の横断勾配を水平にした上で，縦断勾配をゆるやかな波状にすることによって，こまめに尾根や常水のある沢に分散排水を行う．

切土は，施工現場の地質などの条件のほか，作業に必要な空間を考慮する．切土高は1.5 m以内，切土法面勾配は土砂の場合は6分，岩石の場合は3分が基準である．盛土は，強度を有する土質の場合には地山に段切りを行って盛土の転圧を行い，強度を有しない土質の場合には盛土と地山とを区分せずに転圧して路体全体の強度を得る．盛土法面勾配はおおむね1割よりもゆるくし，盛土高が2 mを超える場合には1割2分程度とする．作業道は原則として土のみで形成するが，急傾斜地やヘアピンカーブの盛土，軟弱地盤などでは簡易構造物の設置や，砕石処理，水抜き処理，側溝の設置などを検討する．盛土量が不足する場合には，路線前後の路床高を調整して土量を調整する．路体に求められる支持力は使用機械によって変わり，たとえば2 t トラックなどホイール型機械はクローラ型機械に比べて接地圧が高いため，加重を平面に分散させるために丸太組による路肩補強工を検討する．

指針では排水方法についても留意事項が示されている．とくに，適切な間隔で排水施設を設置すること，排水溝は維持管理のために開渠を原則とすること，湧水は側溝などでその場で処理すること，小渓流の横断には暗渠ではなく洗い越し工を施工すること，などが記述されており，いずれも路網の維持管理コストに大きな影響を与える重要なポイントである．

b. 根株の処理

路網開設によって生じる支障木の根株などは産業廃棄物にあたり，廃棄物処理場への搬入が必要となるが，「自ら利用」する場合には廃棄物としての処理が免除されている（「工作物の新築，改築又は除去に伴って生じた根株，伐採木及び末木枝条の取扱について」平成11年11月10日衛産81号厚生省生活衛生局水道環境部産業廃棄物対策室長通知）．林内での放置による自然還元も含まれるが，根株などが雨水などにより下流へ流出するおそれがないように，安定した状態になることが求められる．

一方支障木は，丸太組工などに利用できるほか，根株をアンカーとして利用する方法も採用されることがある．これは傾斜地の立木の根張りが斜面下方向に伸びやすいことを利用して，除去した伐根を180°回転させて盛土に埋め込み，路面と並行に根が入るように設置することにより，治山工事などで使用されるグラウンドアンカー工と同じ効果を期待するものである．ただし伐根は10年程度で腐朽して体積が減少するとともに，アンカーとしての支持力を失うため，それまでに盛土を緑化し，侵入植生の生きた根系による支持力の発揮を促す必要がある．

c.　丸太組工

土砂はその性質ごとに安定勾配があり，急傾斜の土羽はそのままでは徐々に土砂が落下し，形状が維持できない．林道では擁壁などの構造物で物理的に土砂を支持するが，作業道では高価な構造物は利用しにくい．そこで土羽が急傾斜となりやすい急斜面では，開設時の支障木を利用した丸太組工法が用いられる．

図7.5は大橋慶三郎考案の丸太組工の模式図の例である．急傾斜となる盛土上部に路線と並行に丸太（桁）を積み，約1mおきに長さ1mほどの横木を入れる．路面下部に桁に組まれた丸太は，走行車両の荷重を面的に分散する効果がある．この際，積む丸太の段数を増やすことによって路面高を上げ，切土法面高を低くすることができる．ただし積む段数が多くなると，丸太の腐朽によって路肩が弱くなり，崩壊につながる危険性があることから，斜面下方に土留工を設置し，段数を少なくする．土留工設置位置は，路面掘削時に落下した土砂が届く場所（「落ち止まり線」とよばれる）で，盛土が一定の勾配になるよう，この位置に丸太組を設置する．土留工の位置まで油圧ショベルが入れると，作業が効率的になる．

また丸太組は切土法面の補強にも使用される．大きな切土法面は雨滴や霜柱な

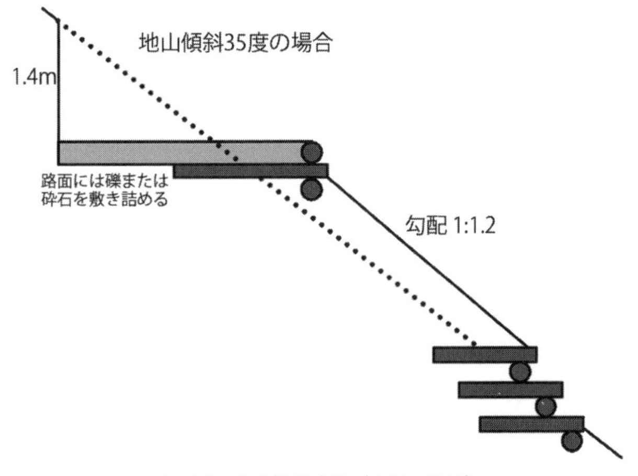

図7.5　丸太組模式図（大橋，2011）

どでつねに土砂が下方に移動し，作業道の幅員を狭める原因となるが，丸太組を設置することによって土砂移動が抑制され，土砂除去などの維持管理費が低減される．

ただし丸太は腐朽するため，力学的な支持力はいずれ失われる．腐朽する前に自然植生の侵入を促し，最終的には侵入植生の根系支持力によって路体を支持する必要がある．一般に丸太は土中にあるほうが，腐朽が遅いことが知られており，丸太組がみえないように土をかぶせることも有効であると考えられている．

d. 谷渡り工

谷部は路面に水が侵入しやすい要注意箇所である．豪雨時などに沢水が路面に侵入して流下すると，路面が侵食されるばかりか，路線下方で大規模な路体損傷が生じることがある．そこで路線中の谷を渡る地点において，さまざまな施工方法が試行されている．

谷の状況は地形や地質，水量などによってさまざまであり，同一事業体でも谷渡り工において決まった方法はなく，状況をみながら経験的に施工が行われている．安全かつ安価な工法で渡れる箇所は限定されるため，路線計画の踏査時に谷渡り箇所について十分検討しておく必要がある．下流に取水施設などがある場合には，橋梁も検討する必要があるが，橋脚が削られやすいため，開設費だけでなく維持管理費も高額になることがある．またヒューム管を用いて暗渠化すると，どんなに大きな管径を用いたとしても，豪雨時に大きな流木が引っかかるなどして管が詰まることがあり，路体損傷の原因となる．

もっとも安価で効果的な谷渡り工の1つとして，洗い越し工がある．洗い越しとは，沢の水流が路面を横切るように流れる形とする方法で，平常時は暗渠，増水時にのみ路面を流す形状とすることもある（図7.6）．その施工法はさまざまで，主に下記の条件をもとに，経験的に選択される．

①流路傾斜：傾斜が急な谷では大雨時の流速が上昇するため，路体を壊す危険が高くなる．とくに木組みや石積みは被害を受けやすいため，かご枠工が必要になる．

図7.6 豪雨時の洗い越し（提供：北はりま森林組合 藤田和則，2013）

②谷の深さ：谷が深い場合には施工が困難となるため，できる限り避けるほうがよい．周辺の土質，岩質をみながら，場合によってはかご枠工によって地盤高を上げる必要がある．

③地質：岩があれば石積みを行う．木組みは腐朽して支持力を失うことを想定し，腐った際に不安定になるような場所では内側にしっかりと石積みで補強する．岩が出ない場所ではかご枠工の活用を検討する．また谷を埋める必要がある場合や，路体そのものに局所的な応力がかかる可能性がある場合には，木組みによる井桁を活用する．また湧水など降雨時にしかわからない情報も多いため，図面などだけで判断するのではなく，さまざまな条件下で現地を観察することも重要である．

④水量：常水のあるなしで工法が変わる．通常の状態でどのくらい伏流しているか，地質，土質を見極める必要がある．一般に水量は集水面積に関係するが，地層の傾きや伏流水量によって，豪雨時には想定よりも水量が多くなる場合もあるので注意が必要である．

e. ヘアピン・スイッチバック

維持管理費を抑えるためには，危険箇所を避けて開設することがもっとも効果が高い．急傾斜地では危険箇所が多く存在するため，ヘアピンカーブなどを設置してなるべく危険箇所を避ける必要がある．しかしヘアピンカーブでは必然的に切土法面および盛土法面高が高くなるため，地山傾斜がゆるく，安定した地盤の箇所を選定しなければならない．転圧が利かない土質の場合には，かご枠工などの人工構造物の設置も必要となる．

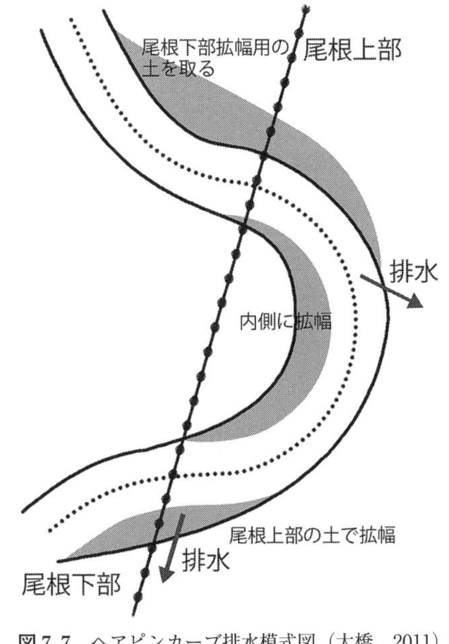

図7.7　ヘアピンカーブ排水模式図（大橋，2011）

ヘアピンをとる場所は丈夫な尾根が適地であるが，そうした場所は排水の適地でもある．路面を流れる水は盛土箇所より上部のカーブ外側に排水することにより，できる限り盛土に水が侵入しにくい構造とする（図 7.7）.

またクローラ型の運材車を使用する場合は，スイッチバックとする手法も多用される．この場合，路線選定の自由度を広げることができるが，乗用車の通行が困難になるため，通勤道や避難道としての多様な路網の機能が制限される．一度の切り返しで乗用車が通行できるようにしたスイッチバックへアピンとよばれる工法が採用されることもある．　　［長谷川尚史］

演習問題

(1) ある森林において，作業道開設単価 x（円 /m）に対して，年間の維持管理費が $500000/x$（円 /m）で表されるとする．この時，

i）路網開設と維持管理にかかる総費用 TC（円 /m）を，x および耐用年数 Y（年）で表しなさい．

ii）$Y=1$ のとき，TC を最小にする x と，その時の TC を求めなさい．

iii）$Y=10$ のとき，TC を最小にする x と，その時の TC を求めなさい．

(2) 作業道の維持管理費を低減させる工夫を 5 つあげなさい．

第8章

林道の路体維持

林道を損壊させる現象として，降雨などの水に起因する路面および法面侵食，斜面の切取りによる地山の不安定化，盛土と地山のすり合わせ不足による斜面崩壊，林業機械などの走行による支持力の変化などがあげられる．長期間安定して使用するためには，それらの現象に対して対策を行う必要がある．

8.1 排　水　施　設

林道の損壊にもっとも影響を与える外力は，降雨による集中した水の流れであるため，林道の路体維持技術の大半は排水対策となる．そのため，林道の排水施設は，渓流部を通過する際の流入水，法面や路面などの表面水に対応する必要がある．排水施設は，主に横断排水溝と側溝で構成され，水理的特性で，暗渠，開渠（明渠），材料特性でコンクリート製品（ヒューム管，ボックスカルバート），鋼製品（コルゲートなど），硬質ポリエチレン製，土製品に区分される．渓流部や，流水の集中箇所の排水施設として，暗渠の横断排水溝が設置され，ヒューム管，コルゲート管，ボックスカルバートが利用されることが多い．近年では設置の容易さから，硬質ポリエチレン製の暗渠も設置されている．路面表面水による路面侵食を防ぐためには，主に明渠の横断排水溝が設置され，路面上の水を谷側や山側の側溝に排水する．また，山側法面から流入する表面水を処理するために，法尻に側溝が設置され，一般的には明渠とよばれる，U字側溝，L型側溝，素掘側溝などで処理される．

8.1.1　排水施設の安全率

林道排水施設の安全率 f_s は，排水施設の流下能力（施設内最大流量 $Q_{\max}$）に対して，集水域から流入する流量（計画流量 Q）の比として定義されている．排水施設は雨水のほかに土石，落葉，枝条，流木などの堆積物が流下するため，流下能力はそれらの和として表される．計画流量は集水面積，確率降雨強度から合理式で求めることができる.

$$Q=\frac{1}{360}fiA \tag{8.1}$$

ただし，f：流出係数，i：確率降雨強度（mm/時），A：集水面積（ha）である.

定数 1/360 は集水面積の単位のとり方によって異なる．また，流出係数は地表面の種類で異なり，一般に表 8.1 の値が用いられる.

また，その施設で排水可能な量（施設内最大流量）は，平均流速と通水断面積から求めることができる.

$$Q_{\mathrm{max}}=aV \tag{8.2}$$

ただし，a：通水断面積（m^2），V：排水施設を流れる水の平均流速（m/ 秒）である．平均流速は以下のマニング式から求めることができる.

$$V=\frac{1}{n}R^{2/3}I^{1/2} \tag{8.3}$$

ただし，n：粗度係数，R：径深（動水半径 a/S），S：潤辺長（m），I：水面勾配（動水勾配）である．粗度係数は，排水施設の材料特性で異なり，その標準値は表 8.2 のようになっている.

ここで得られた，計画流量と排水施設の最大流量を比較し，安全率 f_s が $Q_{\mathrm{max}}/Q>1$ 以上となる設計を行う．確率雨量年の設定や安全率のとり方によって，設計の規模は大きく変わるため，施設設置の費用と安全性の確保のバランスをとりながら設計を行う必要がある.

表 8.1　流出係数 f の値

	地表面の種類	流出係数
路面	アスファルト舗装	0.80 ～ 0.95
	コンクリート舗装	0.70 ～ 0.90
	砂利道	0.30 ～ 0.70
法面	土	0.60
	芝	0.30
地域	急峻な山地	0.75 ～ 0.90
	起伏ある土地	0.50 ～ 0.75
	平地	0.45 ～ 0.75
	山地河川流域	0.75 ～ 0.85

表 8.2　粗度係数 n の値

排水施設の種類		n
素掘	土	0.020 ～ 0.025
	砂礫	0.025 ～ 0.040
	岩盤	0.025 ～ 0.035
現場施工	セメントモルタル	0.010 ～ 0.013
	コンクリート	0.013 ～ 0.018
	粗石空積	0.025 ～ 0.035
	粗石錬積	0.015 ～ 0.03
工場製品	コンクリートパイプ	0.012 ～ 0.016
	コルゲートパイプ	0.016 ～ 0.025
	硬質ポリエチレン管	0.010

8.1.2 側　　溝

林道法面からの流入水や路面上の表面水は一般に側溝によって処理しており，前述の考え方で，計画流量と施設内最大流量から安全率を1以上（通常1.2以上）となる施設を設置する．側溝は滞水することなく排水を行うために，少なくとも0.5%程度の縦断勾配が必要であるが，急勾配（5%以上）で設置すると，流速が大きくなり側面，底面が侵食されやすくなり，排水施設および路体の損壊につながるため，コンクリート製の側溝を検討する必要がある．林道の側溝は台形素掘りが多いが，前述のことからコンクリート製のU字溝やL字溝もよく使用される（図8.1）．また，側溝には法面から生産される土砂や枝条がたまりやすく，機能を果たせなくなることも多い．そのため，定期的な土砂除去などのメンテナンスを実施することが重要である．

8.1.3 暗　　渠

流水の集中する箇所では，管径の大きな施設が必要となるため，上部を通過することができる暗渠による排水が行われることが多い．暗渠の設計は前述の式(8.2)より通水断面積を求めることで，安全率が1以上となる必要な管径を求められる．ただし，計算値は理論値であり，実際には暗渠内に土砂や砂礫，枝条などが流入することで排水能力が低下することに注意すべきである．そのため，安全率をやや大きめにとった設計をしておく必要がある（流木・土砂止めを設置す

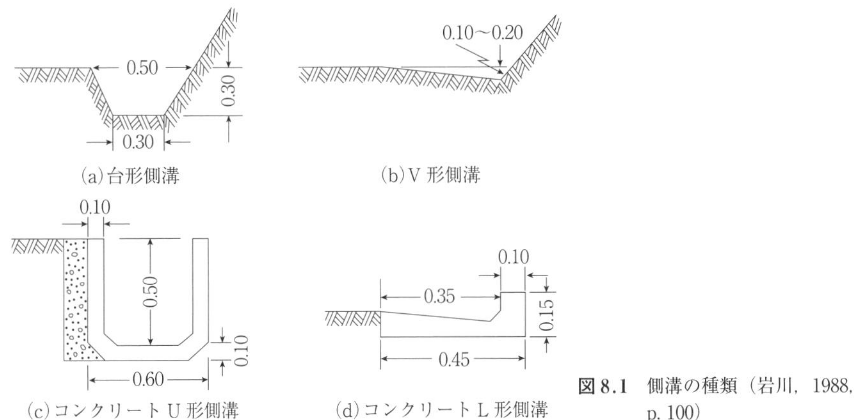

図 8.1　側溝の種類（岩川，1988，p. 100）

る場合は2.0〜3.0，流木・土砂止めを設置しない場合は3.0以上）．

また，暗渠や横断排水溝から排出される水が，谷側法面下方を侵食し，盛土部を崩壊させる原因になることもあるため，排水を集中させないことや，排水が当たる箇所に，侵食防止用のマットや布団かごの設置などの対策を検討する必要がある（図 8.2）．

図 8.2　暗渠の設置例（提供：長野県林業コンサルタント協会）

8.1.4　横断排水溝

横断排水溝は路面表面水や側溝に集めた流水を谷側に排水するため，林道に横

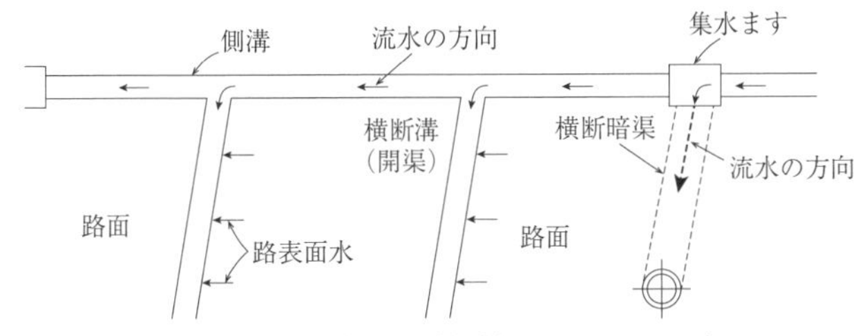

図 8.3　横断排水溝の配置（岩川，1988，p. 102）

断する形で設置される（図8.3）．路面水の排水のためには，施工費用やメンテナンス性の高さから，主にコンクリート製のU字溝，ゴム板製排水施設，素掘りなどの開渠が用いられる．縦断勾配の大きい土砂道では車両の通行による轍に水が流れ込み，車両の走行が不能となる路面侵食が発生しやすいため，流水を分散して排出させる横断排水溝が必要となる．一般に設置間隔は50～100 m程度で適切に配置するとしているが，路面侵食は路面縦断勾配に比例して発生しやすくなるため，縦断勾配に応じた設置間隔の検討が必要となる．これまでの研究によって，林道路面排水溝設置間隔L（m）と林道縦断勾配S（$\tan\theta$：θは路面の縦断勾配）は式（8.4）と表され，侵食が発生する境界を示している．

$$L=\alpha S^{-\beta} \qquad (8.4)$$

式（8.4）における，各地の調査結果から経験的に得られた係数αとβは，図8.4の関係であることが示されている．これらの結果から峰松（2002）はもっとも侵食が発生しうる条件で必要となる横断排水溝の間隔を式（8.5）として表した．

$$\alpha=2.17\,\beta^{-2.74} \qquad (8.5)$$

式（8.5）を用いて，式（8.4）を偏微分しβを解くことで，横断溝間隔Lが最小となるβを決定し，そのβを用いることで，最小横断溝間隔$L_{\min}$を以下の式として表した（図8.5）．

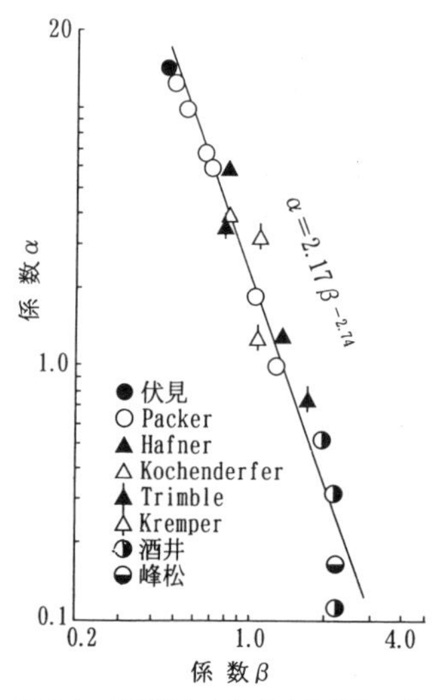

図8.4　路面侵食を決定する係数αとβの関係（峰松，1995）

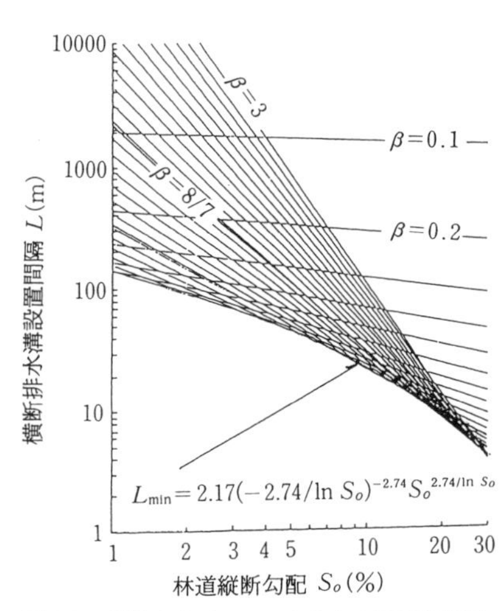

図8.5　係数βをパラメータとした路面横断排水溝の必要間隔（峰松，1995）

$$L_{\min}=2.17\left(\frac{-2.74}{\ln S_o}\right)^{-2.74} S_o^{\;2.74/\ln S_o}$$

(8.6)

ただし，S_o は縦断勾配 $\tan\theta$（θ は路面の傾斜角）である．この式は，これまで提案されてきた複数の横断排水溝間隔を統合し，安全側の最小設置間隔を提示することができる．

8.2　路体の維持管理

山岳林に設置され，重量物を積載した車両が通行する林道では，通行による路盤の損壊や，法面からの土砂移動によって通行の支障となる事象が発生する．そのような状態を放置すると，さらに大規模な損壊を引き起こす原因ともなり，定期的に路体修繕などの維持管理作業を行うことが不可欠である．路体の維持管理は，路盤そのものの管理，切土法面（切土斜面）および盛土法面（盛土斜面），排水施設の管理からなる．路盤管理は，路盤の支持力不足による轍掘れ，車両の通行により発生するポットホール，コルゲーションや路面凹凸を修復するための不陸直しを行う．発生原因は路盤の粒径配合不良，あるいは走行車両重量への路盤厚不足と考えられる．轍掘れは支持力不足による一般的な現象であり，コルゲーションの発生箇所は急勾配路面の粒径配合不良の箇所，ポットホールは緩勾配でランダムな位置に起こる．それらは通行に支障をきたすだけでなく，流水の流れ込みによって損壊範囲を拡大することもあり，定期的な点検体制を構築し，修復する必要がある．

法面の管理は，切土法面と盛土法面によって対応が異なる．切土法面では，地山で生じる表層剥離による土砂堆積の対応を行う．粘性土，礫交じり土などどのような土質でも発生するが，とくに，花崗岩の風化（まさ化）などでは堆積量が多い．側溝埋没の防止，通行幅員確保のため，定期的に側溝や法尻の土砂を取り除く必要がある．岩石を切り取った法面では，堆積岩の節理の傾きによる流れ盤斜面崩落や，受け盤からの岩石崩落への対策が必要である．これらの現象は，春先の凍結・融解の繰り返しによる斜面安定の劣化や，風雨による風化作用によって引き起こされるため，定期的に監視を行い，場合によっては法面保護工や落石防止ネットなどの補強工事を実施する必要がある．盛土法面の管理としては，クラックへの対策と雨水による法面の侵食への対応がある．盛土の締固め不足，地山との接合図の不整合により路肩にクラックが発生することがある．これにより路体の支持力が低下するだけでなく，クラックに雨水が侵入することにより，大規模な法面崩壊を引き起こすため，巡視によって発見し補強工事をする必要がある．また，盛土法面そのものに雨水や排水施設からの流水が当たることにより，法面侵食が進む場合があり，長期間対策をとらない場合，法面下部の盛土が流出し，盛土部が崩落する危険があるため，降雨の巡視によって雨水や排水の状態を確認し，排水施設の追加や，法面の保護工などを検討する必要がある．

図 8.6　横断溝が閉塞し越流によって崩壊が発生した事例

排水施設の管理は，直接路体の維持を行うものではない．ただし，土砂や枝条の堆積した排水施設を放置することで，その施設が機能しなくなるだけでなく，越流した流水が流れ込むことにより，想定以上の流水が集まり，大規模な崩壊を引き起こす原因ともなる．そのため，定期的な土砂の取り除きや，機能状況の確認は欠かすことのできない維持管理作業である．

8.3　法面の崩壊と侵食

8.3.1　法面崩壊の原因

法面崩壊の抵抗力は土質，地質，内部応力により定まるが，流水や浸透水の状態によっても異なり，また植生や風化作用によっても変化する場合がある．応力にも浸透水圧，地震，交通振動，雪崩などさまざまな原因が作用する．とくに，断層破砕帯や地質境界などの風化が進みやすい範囲，浸透水や地下水位の高い0次谷や地すべりの側方崖などで発生しやすい．また，林道開設などの地形改変によっても引き起されることがあるため，路線選定時には注意が必要である．法面崩壊は，表層での崩壊が多く，地表面の植生や土質，気象，母岩，風化度，微地形の条件に左右され，集中豪雨などの気象変化の影響を直接受ける．林道の法

図 8.7 盛土（左）および切土（右）崩壊事例

面は人工的に造成された斜面であり，自然状態よりも急であるため崩落が発生しやすく，すべり面が明確でないことが多い．深部に弱層のある斜面を掘削した場合，滑落を引き起こす原因ともなり，広範囲にわたって崩壊の影響が及ぶこともある．

8.3.2 盛土法面の崩壊

軟弱地盤での盛土は，そのせん断破壊や大きい沈下により盛土法面が崩壊する（図 8.7 左）．想定以上の降雨や地震などの大きな外力にともなって発生するが，盛土法面は人工的に形成されたものであるため，崩壊発生の原因は盛土の締固め不良，内部の排水不良，盛土高，傾斜，小段などの幾何学形状の不適切などの人為的影響を受けやすい．崩壊した盛土が土石流化し下流部に被害を及ぼすこともあるため，施工には十分に注意が必要である．

8.3.3 切土法面の崩壊

地山の土質，地質，風化の程度，掘削によるゆるみ，地下水の状態，斜面の幾何学形状などに起因する崩壊が多い（図 8.7 右）．林道では切土法面が大きくなりやすく，地すべり地形の末端部を掘削することによって，滑落の速度を速め崩壊に至る場合もある．作業道では，保護工などの対策を行えないため，切取り高さに比例して，崩壊が発生しやすくなる．

8.3.4 法面の侵食

林道や作業道の法面は，造成後裸地のまま放置すると，降雨，風，日射，気温などの気象変化に直接さらされる．降雨の際，雨滴による衝撃力により，土粒子結合が破壊され，また破壊された土粒子の衝突により，ごく表面の土粒子が移動を繰り返し，表面に発生した表面流により下方へと移動する．

降雨強度が法面の浸透能を超えると，地表流が発生する．薄層流となり法面を下るが，しだいに集まり細流を形成するなど，徐々に集中し，法面を侵食しはじめる．侵食発達段階に応じて，表面侵食（sheet erosion），細流侵食（リル侵食，rill erosion），および地隙侵食（雨裂侵食，ガリ侵食，gully erosion）などに分類される．また，霜柱や凍上，雪圧移動，浸透水の凍結などにより，表層土が剝落する．これらの作用によって，土粒子間結合の破壊が繰り返され，剝落した土砂が排水施設を埋没させ，路面侵食や路体損壊の誘因にもなるため，侵食からの法面保護と定期的な維持管理作業が必要となる．

8.4 法面保護工

8.4.1 法面保護工の目的

切土，盛土法面を長期間安定させるためには，前述の外力による崩壊や侵食から保護する必要がある．法面保護工は基本的には小規模な法面変状を防止することを目的としており，植生の繁茂による侵食防止と，根茎による土粒子の緊縛力の増加を図る植生工が施工される．構造物による保護工は土質が植生に不適であったり，安定勾配の確保が困難な場合に用いられる．湧水や地下水の多い箇所や地下水位の高い個所では法面排水工が検討される．

8.4.2 法面保護工

法面保護工は植生材料と人工材料，これらの組み合わせによるもののほか，構造物による力学的な安定工法などがある．近年においても素材開発などにより容易に施工できる土木技術開発が進められている．

a. 植生工

植生工は法面を植物で被覆して雨水の侵食を防止し，地表面の湿度変化を緩和し，植物の根茎によって表土の土粒子を結合させ，凍結融解による崩壊を抑制する効果を目的として施工される（図8.8）．将来的に在来植物で被覆され，安定状態になることが望ましいが，施工時期や施工場所による制約があり，外来の植物を利用する場合もある．植生が定着し安定した状態になるかは，周辺環境，気象

図8.8 植生工（提供：長野県林業コンサルタント協会）

条件，法面の物性などに影響を受ける．近年では，シカなどの野生動物の増加により，安定前に食圧を受けることもあり，事前の環境調査を行ったうえで，種子散布工，客土吹付工，張芝工，植生マット工，植生土のう工など適切な工法を選択する必要がある．

b. 構造物工

構造物工は表面の保護を目的とした工法とすべり面などの土塊の活動に対抗する工法がある．法面の風化や崩落を防止し，斜面表面の凹凸の程度を和らげる工法としては，セメント系やアスファルト系，合成樹脂を吹きつける工法があり，急傾斜地や長大な法面になる場合は，法枠工や植生基礎工（被覆工，吹付工，ブロック張工，プレキャスト枠工）が用いられる．

滑動面に対抗する工法としては，岩盤まで鋼材の引張力を利用してプレストレスを導入し，せん断応力を増大させるアンカー工や，杭を導入することで抵抗力を増大させる杭打工が用いられている．

c. 法面排水工

法面排水工には法面を流下する表面水による法面の侵食防止のための表面排水工と，内部の浸透水による間隙水圧の上昇やパイピングによる法面の崩壊を防ぐ地下排水工がある．

表面排水工は，雨水や路面排水からの表面水が法面に滞水することによる侵食を防ぐため，盛土を横断して設置し表面水を排除する工法で，法肩排水溝，縦排水溝，法尻排水溝などがある．

地下排水工は沢部の横断箇所，地下水位の高い箇所など，内部に発生する浸透水を排出するための工法で，浸透水や湧水の状態で地下排水溝，水平排水溝，基盤排水溝などの工法が選択される.

8.5 林道災害と復旧

林道の災害は，想定以上の外力が加わることにより発生する．ほとんどの場合は豪雨による災害で，一定の降雨強度と連続雨量を超えることで発生する．国庫からの災害復旧補助を受けることができる基準は，連続雨量 80 mm 以上，時間雨量 20 mm/ 時，地震の場合は震度 4 以上となっている（農林水産業施設災害復旧事業費国庫補助の暫定措置に関する法律）．ただし，排水施設の設計は 10 年確率雨量に基づき行われており，堆積物などで必ずしも機能を発揮している状態でもないため，実際には基準以下の降雨強度でも災害が発生する．近年の豪雨災害に対応するため，確率雨量の見直しが検討されている．災害が発生すると多大な復旧費用が発生するため，路線選定などのソフト対策と排水施設などのハード対策，両面での対策が重要である.

8.5.1 崩壊リスクの低減

林道の開設は，ある程度安定状態にある自然斜面を切盛りして土工作業を行うため，不安定な状態を人為的につくる行為ともいえる．そのため，各種工法により安定化が図られるが，力学的な方法には費用や物理的な限界がある．地山の地質，土質，地形条件によって，安定の程度は大きく異なるため，崩壊リスクを低減するためには，路線選定がもっとも重要である．そのため，地形図や航空写真の判読による危険地形の把握技術が提案されており，事前に十分な検討が必要である．一方で，現地での踏査を行わないと得られない情報も多く，とくに，地山内部や土質，土砂の移動状態，地下水位などは植生の状態や周辺環境から推測，確認する必要がある.

直線的な谷の連続する地形（断層），馬蹄形上の滑落落崖がある凹凸の激しい地形，斜面上部に池，沼，へこみなどがある場所，立木の成長の方向性がバラバラな箇所（地すべりブロック），周辺部に比べ樹種の成長状態が異なる場所や湿性のシダが繁茂している箇所（地下水位が高い）などは，開設後に崩落や出水などのトラブルが発生しやすく可能な限り避ける必要があり，開設を行う場合は十分な対策が必要となる.

崖錐や土石流堆積物と基岩の境界，連続した鞍部や風化度，透水性の異なる基岩（破砕帯）や扇状地末端では湧水が発生しやすく，開設後も排水対策が必要となる．近年では，レーザ計測の微地形情報が発達し，周辺域も含んだ検討が容易になっており，これまでに比べ事前の検討がより効率的に行えるようになっている．崩壊を発生させない路線選定を行うためには，事前の情報収集と十分な現地踏査を実施することが重要である．

8.5.2　災害復旧

災害の復旧には多大な費用が発生し，林業経営に影響を及ぼすだけでなく，林道の一部は生活道ともなっているため，早急な復旧が求められる．災害の規模により費用の割合は異なるが，一般に復旧は管理主体（自治体など）が行う．前述の基準を超えた災害やさらに大規模な激甚災害に指定された場合などは，国庫からの補助を受けて修復が可能である．小規模な災害の場合，通常の維持管理で扱うべきものとして，管理主体および受益者の負担によって修復が実施される．小規模な災害を放置することで大規模災害が発生する誘因にもなる場合があり，通常時の点検，維持管理作業を行うことが，災害復旧費用の低減につながる．また長期にわたって林道を管理する場合には，災害復旧や通常の維持管理には多大な費用が発生するため，開設時には開設費用だけでなく，維持管理費用の負担も検討したうえで事業を進める必要がある．　［齋藤仁志］

演習問題

流出係数が 0.7，集水面積が 10 ha の範囲において 50 mm/時の降雨があった．深さ 40 cm，幅 60 cm であるコンクリート製の開渠側溝（粗度係数 0.013）を，3%の勾配で設置した場合，排水可能か答えなさい．

第9章

橋　　　　　梁

本章では，林道が渓谷や河川などを通過するときに必要となる橋梁の設計について述べる．橋梁の設計には構造力学と，鋼鉄やコンクリートなどに関する材料力学の知識を要する．まず橋梁の概要（9.1.1項）と計画の手順（9.1.2項）について，次に使われる材料の性質（9.2.1項）と応力計算など構造力学の要点（9.2.2項）を解説する．そして，道路橋示法書に定められた橋梁の設計に際して考慮する荷重について述べ（9.3.1項），最後に上部構造の設計手順を概説する（9.3.2項）．

9.1　橋梁の概要と計画

9.1.1　林道に用いられる橋梁の概要

橋梁は，その主体となる上部構造と，上部構造を支持しその荷重を地盤に伝える下部構造とから成り立っている（図9.1）．上部構造では床版が交通荷重を直接支持し，主げたがそれを支える（図9.2）．床版には鉄筋コンクリート床版あるいは鋼床版があり，その上には舗装が施される．主げたの間隔が広いときには床版の下に床組がつくられ，風や地震などの横方向の力に対抗するための横構と断面変形を防ぐための対傾構が配置される．

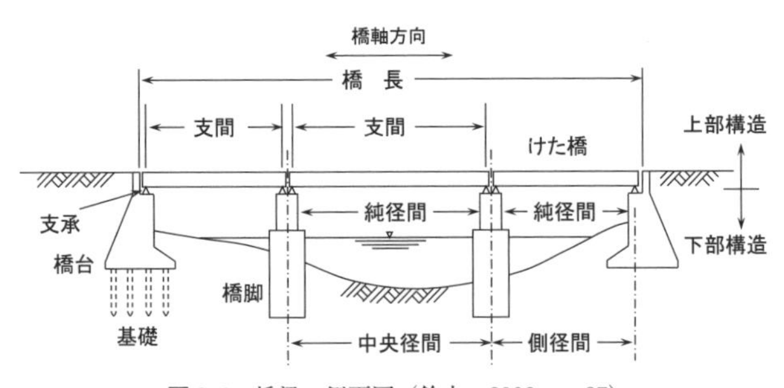

図9.1　橋梁の側面図（鈴木，2002，p. 87）

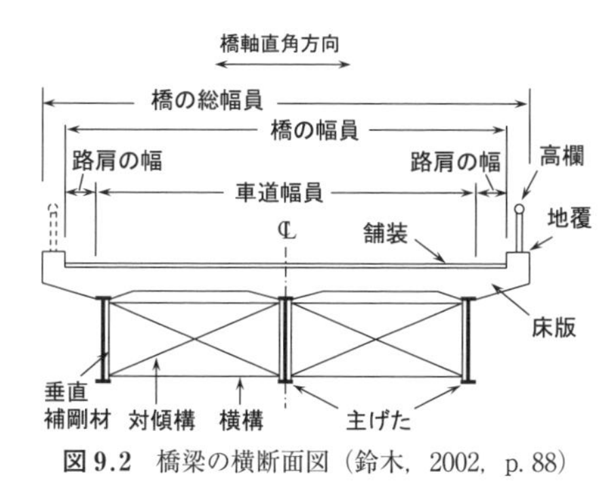

図 9.2　橋梁の横断面図（鈴木，2002，p. 88）

図 9.3　林道橋の例（高知県大豊町字一ノ瀬・金五郎橋）（鈴木，2002，p. 113）

下部構造は，橋台，橋脚とその基礎からなり，上部構造と下部構造を連結するため支承が設けられる（図 9.1）．支承はヒンジ構造とすることで，上部構造からの荷重のみを確実に下部構造に伝達し，けたの微小な回転による応力は発生しない．また，橋軸方向の一端は固定端，他端は可動端とすることで，橋げたの弾性変移や温度変化による水平伸縮が自由になるようにする．

橋梁の幅員は，地覆間の距離をいう（図 9.2）．道路幅員および路肩の幅は，橋梁の場合も林道規程第 10 条および第 12 条に定められたものとされる．地覆にはガードレールや手すりが設けられる場合があるが，これを高欄という．

橋梁の上部構造は，使用材料により鋼橋，鉄筋コンクリート橋，プレストレストコンクリート橋などに分類される．構造形式による分類には，けた橋，トラス橋，アーチ橋，ラーメン橋，つり橋などがある．けた橋は部材をはりとして用いたもので，林道橋にも一般的である（図 9.3）．けたには鋼板を図 9.2 のように曲げやせん断に対して効率のよいI型断面に溶接接合したものが用いられる（プレートガーダー橋）が，支間長 10 m 程度まではI型鋼を用いるほうが経済的である（単純I型けた橋）．床版には鉄筋コンクリート床版などが用いられる．

9.1.2　林道における橋梁の計画

架橋地点の地形測量，架橋しようとする河川あるいは道路などの縦横断測量，基礎地盤の地質調査を行う．架橋位置の良否は建設費や維持費に大きく影響するので，決定に先立って十分な調査と検討が必要である．河川に架橋する場合，河床や河身が変動するおそれの少ないこと，屈曲部を避けること，上流に州や中島

表 9.1 橋梁のけた下余裕高（鈴木，2002，p. 91）

計画流量（m^3/秒）	余裕高（m）
200 未満	0.6
200 以上 500 未満	0.8
500 以上 2000 未満	1.0
2000 以上 5000 未満	1.2
5000 以上 10000 未満	1.5

など障害物がないこと，などに注意する．河幅の狭い箇所が望ましいが，河幅が急変して狭い箇所では，河床や河岸の安定や洗掘の可能性の有無に注意する．また，集水面積や降雨量を調査し，水位と流量を見積もる必要がある．

調査結果を十分検討し，適切な橋長を決定したら，使用材料および構造形式の選定と支間長の決定（スパン割り）を行う．幅員は林道の等級に応じて定められる．なお，林道ではけた 4.0 m 以上のものが橋梁とされる（未満のものは開渠）．けた下高は，計画高水位から表 9.1 に示す余裕高を計画流量に応じてとる．ただし，流木などが多い河川ではこれに 0.5 m（山地部では 1.0 m）を加える．

9.2 橋梁の材料と構造の力学

9.2.1 材料の性質

a. 鋼 材

構造物に使用される材料として，まず鋼材（普通鋼）の強度と変形特性について述べる．引張力は力（P）のかかる軸方向に直角な断面の面積（A）あたりの値（応力：σ）として，伸びは変形前の全長（l）に対する伸長量（Δl）の比（ひずみ：ε）として表す（図 9.4a）．すると，σと ε はある応力値（比例限度：σ_p）までは直線比例の関係を保つ（図 9.4d）．これをフックの法則といい，比例定数はヤング係数（[縦] 弾性伸長係数）E で表される．

$$\sigma = \frac{P}{A} \tag{9.1}$$

$$\varepsilon = \frac{\Delta l}{l} \tag{9.2}$$

$$\sigma = E\,\varepsilon \tag{9.3}$$

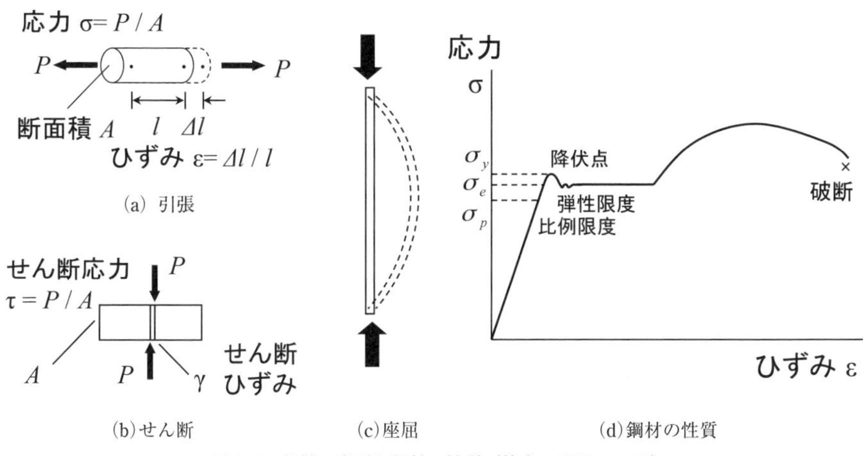

図 9.4　部材の変形と鋼材の性質（鈴木，2002，p. 92）

σ_p を超えて応力を増すと弾性限度 σ_e に達し，引張力を解放しても残留ひずみが残るようになる．さらに応力を増して降伏点 σ_y に達すると，わずかな応力の増大でもひずみが激増する．この σ_y が鋼材の設計強度の基準となる．σ_y を超えると非弾性挙動を示し，極限強度に達したのち破断する．余裕のため σ_y を安全率（鋼材の場合 1.6 ～ 1.7）で割った値を許容応力度 σ_a として設計に用いる．

材料を横に擦り切るような力を加えると，せん断破壊が生じる（図 9.4b）．せん断についても許容応力度が定められている．せん断方向の変形についても，せん断応力 τ とせん断ひずみ γ の間にはフックの法則が成り立つ．この場合の弾性伸長係数を横弾性伸長係数 G とよび，E と区別している．

試験片に圧縮力を与えた場合も鋼材はほぼ同様の挙動を示すが，現実の鋼材は細長い形状となることが多く，横にひしゃげるような変形破壊が起きる（座屈，図 9.4c）．断面積に対し全長が長い部材では座屈を考慮した σ_a が用いられる．

表 9.2 に一般的な鋼材の許容応力度 σ_a と許容せん断応力度 τ_a を示す（単位は面積あたりの力の大きさ）．表 9.2（および以降）には SI 単位系で用いられる N（ニュートン）と慣用単位の kgf（キログラム重：1［kgf］＝9.81［N]）を併記した．鋼材の名称の SS 系は一般構造用圧延鋼材，SM 系は溶接構造用圧延鋼材を示す．続く数字は極限強度（単位 N/mm^2）を表している．なお，設計に際しては種類にかかわらず鋼材の縦弾性伸長係数 E_s には一定の値が用いられる．

$$E_s = 2.0 \times 10^5 \ [2.0 \times 10^6] \ (N/mm^2 \ [kgf/cm^2]) \tag{9.4}$$

表 9.2　鋼材（SS400, SM400, SMA400W）の許容応力度とせん断応力度（鈴木, 2002, pp. 93–94 を改変）

鋼材の板圧 (mm)	許容応力度（σ_a）* (N/mm² [kgf/cm²])	許容せん断応力度（τ_a） (N/mm² [kgf/cm²])
40 以下	140 [1400]	80 [800]
40 を超え 100 以下	125 [1300]	75 [750]

＊軸方向引張り，曲げ方向引張り，局部座屈を考慮しない軸方向圧縮および圧縮フランジがコンクリート床版などで直接固定されている場合の曲げ圧縮.

b.　コンクリートと鉄筋コンクリート

コンクリートはセメントペーストで砂利や砂などの骨材を固めたもので，圧縮・引張荷重を加えると図 9.5 のような変形挙動を示す（面積あたりの応力あるいは全長に対する比のひずみとしては表していないことに注意）. 塑性体のため弾性体の鋼材のように荷重－変形（応力－ひずみ）の関係は直線的ではないが，設計ではフックの法則が成り立つと仮定し近似的なヤング係数を用いる.

コンクリートには引張荷重に対する強度が圧縮の 1/10 程度という特性がある. このため内部に鉄筋を埋め込み引張荷重は鉄筋で負担させる（鉄筋コンクリート，reinforced concrete：RC）. 鉄筋コンクリートでは引張荷重がかかるとコンクリートにひび割れが生じ，以後は鉄筋が荷重を受け持つ. このひび割れを防ぐため，あらかじめ鉄筋に張力をかけておくものがプレストレストコンクリート（prestressed concrete：PC）である.

鉄筋コンクリートのはりを例にとると，軸方向の引張力に対しては主筋で対応する. さらに，横方向の荷重（地震力など）に対応するため，主筋直角方向にも横補強筋（図 9.6：はりではあばら筋，床版では配力筋ともよぶ）を必ず設ける. 横補強筋には圧縮時にコンクリートに発生する斜め方向のせん断破壊を防ぐ役割もある. コンクリートとの一体性を高めるために，表面に突起を設けた異径鉄筋が用いられる. 突起のない丸鋼棒を用いるときには端部を折り曲げる. また，鉄筋はさびを防ぐためコンクリート表面からある程度離しておく必要がある（かぶ

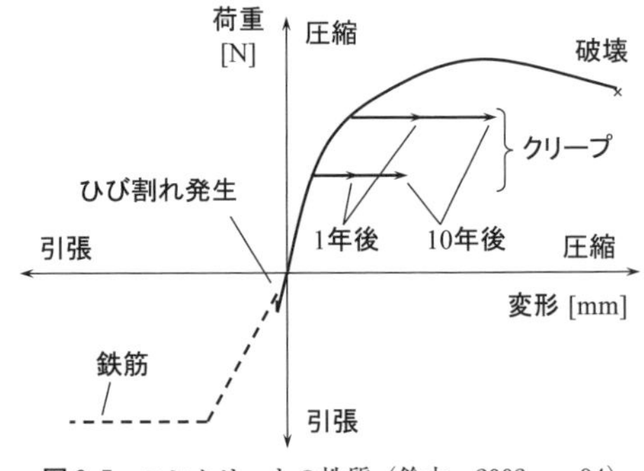

図 9.5　コンクリートの性質（鈴木, 2002, p. 94）

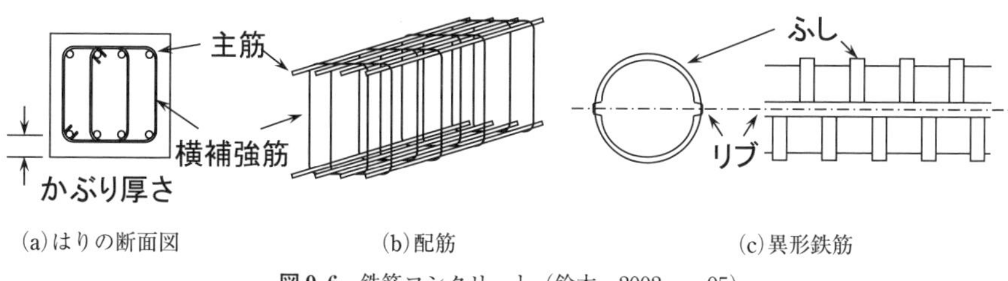

(a)はりの断面図　(b)配筋　(c)異形鉄筋

図 9.6　鉄筋コンクリート（鈴木，2002，p. 95）

り厚さ：床版では 3 cm，はりでは 4 cm，基礎では 7 cm 程度）.

コンクリートのヤング係数 E_c は，鉄筋コンクリートの場合，鉄筋の 1/15 として設計する．鉄筋とコンクリートのヤング係数の比 n をヤング係数比とよぶ.

$$E_c = \frac{E_s}{15} = 1.4\times10^4\ (\mathrm{N/mm^2}),\quad n = \frac{E_s}{E_c} = 15 \qquad (9.5\,\mathrm{a,\ b})$$

コンクリートの強度（設計基準強度 σ_{ck}：施工材料の一部を試験して決定する）は材齢 28 日を基準として定め，安全率を 3 として許容応力度とする（表 9.3）．コンクリートの許容応力度は鋼材（表 9.2）に比べて小さいが，価格が安いのでその分断面積を大きくすることにより構造物としての強度をもたせるのである.

またコンクリートには経時的に変形する特性，すなわち連続荷重によるクリープとよばれるひずみ変形（図 9.5）と乾燥収縮がある．鉄筋量が過大でなく構造物全体を一度に施工する鉄筋コンクリート床版などではこれらの影響を考慮しなくてもよいが，鋼げたと組み合わせる合成げたなどでは考慮が必要である.

9.2.2　応力などの計算方法

橋梁の設計では，さまざまな荷重を想定しそれにより部材に加わる力を見積もり，強度不足でないか照査する．また，荷重により部材に生じる変形（橋梁のけ

表 9.3　RC に用いられるコンクリートの許容応力度（鈴木，2002，p. 96 を改変）

設計基準強度*（σ_{ck}）	N/mm² ［kgf/cm²］	21［210］	24［240］	27［270］	30［300］
圧縮応力度	曲げ	7.0［70］	8.0［80］	9.0［90］	10.0［100］
	軸圧縮	5.5［55］	6.5［65］	7.5［75］	8.5［85］
引張応力度		0.0［0］	0.0［0］	0.0［0］	0.0［0］
設計荷重作用時における平均せん断応力度		0.36［3.6］	0.39［3.9］	0.42［4.2］	0.45［4.5］

＊一般 RC 構造物の下限値は 21（N/mm²），床版に用いる場合は 24（N/mm²）以上.

たなどの長材ではたわみ変形が主）が使用上問題のない範囲かどうかを確認する．これらすべては，以下に述べる力の釣り合い計算から知ることができる．

a.　支点反力

2点A，Bで支持されたはり（図9.7）に荷重が与えられたとき支点にかかる力（反力）を求める．現実のはりには厚みも奥行きもあるが，2次元平面内の太さのない棒とみなす（奥行き方向に一様な構造を仮定）．自重も当面は無視する．

一般に平面内の力の釣り合いは，水平方向と垂直方向の力の合計（ΣH，ΣV）と，モーメント（回転力）の合計（ΣM）がゼロになることで表される．

$$\Sigma H=0,\quad \Sigma V=0,\quad \Sigma M=0 \qquad (9.6\,\mathrm{a,\ b,\ c})$$

たとえば，図9.8aのように1点aに外力F（斜体の記号は大きさと向きをもつベクトルとしての力）が加わると，a点には反力としてFの水平分力$\mathrm{F_H}$（斜体でない記号は力の大きさを示す）および逆向きで大きさが同じ力$\mathrm{R_H}$，Fの垂直分力$\mathrm{F_V}$および逆向きで大きさが同じ力$\mathrm{R_V}$が発生し，釣り合いが保たれる．

$$\Sigma \mathrm{H}=\mathrm{F_H}+(-\mathrm{R_H})=0,\quad \Sigma \mathrm{V}=\mathrm{F_V}+(-\mathrm{R_V})=0 \qquad (9.7\,\mathrm{a,\ b})$$

図9.8aにおけるRは，ベクトルとしての反力（$\mathrm{R_H}$と$\mathrm{R_V}$の合力）である．

力が1点に集中しない場合の例として，b点でシーソーのように支持されたは

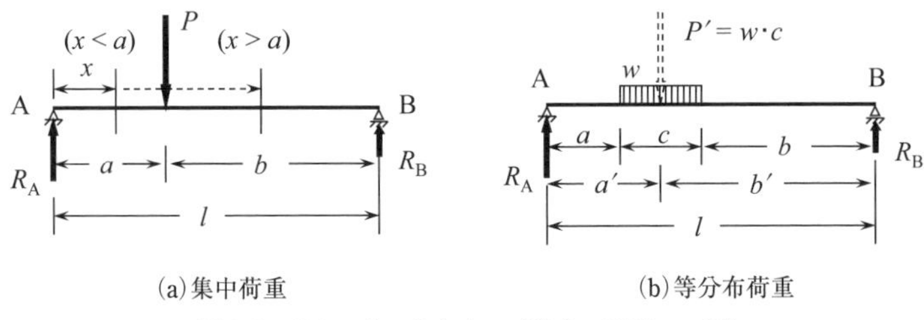

図9.7　はりの力の釣り合い（鈴木，2002，p. 97）

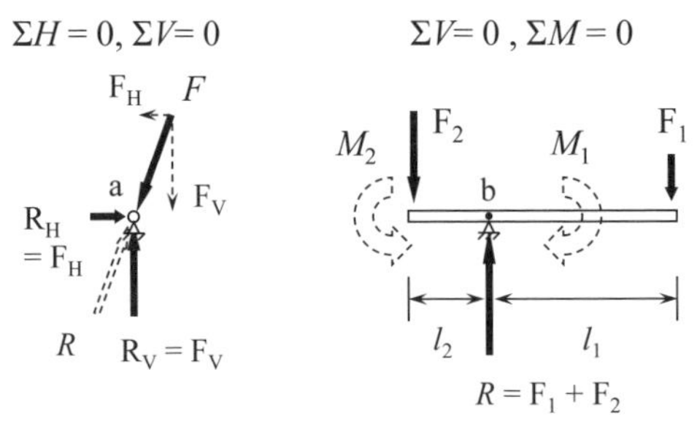

図9.8　2次元での力の釣り合い（鈴木，2002，p. 98）

り（図 9.8b）の一端に鉛直方向下向きの力 F_1 が加わったとき，他端に加える力 F_2 をどのくらいにすればはりは回転しないか，また支点 b にはたらく反力 R の大きさを考えてみる．水平方向の力がないので ΣV のみ考えると，

$$\Sigma V = F_1 + F_2 + (-R) = 0 \tag{9.8}$$

である．したがって R の大きさは，$R = F_1 + F_2$ と求められる．

F_1 と F_2 の関係はモーメント（回転力）により求まる．F_1 は b を支点として時計回りにはりを回転させようとする．そのモーメントの大きさ M_1 は，力の大きさ F_1 と支点からの距離 l_1（モーメントの腕の長さ）との積 $F_1 \cdot l_1$ で定義される．F_2 についても同様に $M_2 = F_2 \cdot l_2$ である．すなわちモーメントの釣り合いは

$$\Sigma M = M_1 + (-M_2) = F_1 \cdot l_1 - F_2 \cdot l_2 \tag{9.9}$$

である（M_1 と M_2 の向きの違いに注意）．これより，$F_2 = (l_1/l_2) \cdot F_1$ と求まる．

図 9.8a, b の双方とも，2 つの未知数を 2 つの力の釣り合い式から求めることができた．一般には，平面における力の釣り合いの式（9.6）は 3 つあるので，3 つまでの未知数は知ることができる．つまり，ヒンジの固定支承（垂直反力と水平反力）と可動支承（水平方向には自由に動くので垂直反力のみ）で支えられた単純橋ではすべての支点反力を知ることができる（静定）が，両端とも固定支承の場合（ラーメン構造）や支承の数が 3 個以上の場合（連続橋）では，力の釣り合いの式のみではすべての支点反力を求めることができない（不静定）．

図 9.7a に戻り，支間長 l の単純ばりの 1 点に集中荷重 P が加えられたときの支点反力 R_A，R_B を求める．A 点を支点とするモーメントの釣り合いより，

$$\Sigma M = P \cdot a - R_B \cdot l = 0 \tag{9.10}$$

$$R_B = \frac{a}{l} \cdot P \tag{9.11}$$

である．また，

$$\Sigma V = P - (R_A + R_B) = 0 \tag{9.12}$$

であるから，これと式（9.11）とから以下のように R_A が求まる．

$$R_A = P - R_B = \left(1 - \frac{a}{l}\right) \cdot P = \frac{b}{l} \cdot P \tag{9.13}$$

幅をもつ区間 c に均等に広がる荷重（等分布荷重：力の大きさは単位長さあたりの N/m などで表す）w が加わった場合（図 9.7b）の支点反力は，区間 c の中央に荷重のすべて（$w \cdot c = P'$）が集中したと考えて求められる．

$$R_{\mathrm{A}} = \frac{b'}{l} \cdot P' = \frac{b + c/2}{l} \cdot (w \cdot c) \tag{9.14}$$

$$R_{\mathrm{B}} = \frac{a'}{l} \cdot P' = \frac{a + c/2}{l} \cdot (w \cdot c) \tag{9.15}$$

はりの自重などは，支間の全長にわたって等分布荷重が加わっているとして考慮できる．同時に複数の荷重が加わっている場合，荷重ごとに求めた支点反力を合計することで，総合的な支点反力を求めることができる（重ね合わせの原理）．

b.　せん断力

はりの断面に生じるせん断力を求める．単一の集中荷重が加わっている場合に左側の支点 A から x の距離ではりを分割したと考える（図 9.7a）．x が P 点より左にあるとき（$x<a$），断面の左側の部材に加わっている外力は支点反力 R_{A} のみであり，左側の部材の右端断面に同じ大きさの力 S（$=R_{\mathrm{A}}$）が伝わる．隣り合う右側部材の左端断面では，実際には左右の部材はずれたりしないのであるから，S と同じ大きさの逆向きの力 S'（$=-S$）が発生しているはずである，と考える（図 9.9）．すなわち S, S' がはりの断面に生じるせん断力である．

x が P より右にあるとき（$x>a$），左側部材にはたらく外力は R_{A} と P の 2 つであるから向きを考慮して $S=R_{\mathrm{A}}-P$ だが，式（9.9）より $R_{\mathrm{A}}-P=-R_{\mathrm{B}}$ なので $S=-R_{\mathrm{B}}$ が導かれる．断面の位置 x を横軸に，縦軸の下向きを正として，S の図（せん断力図）が描かれる（図 9.10a）．両支点では $S=0$, P の位置で S の正負が入れ替わる．

等分布荷重の場合（図 9.7b），x が等分布荷重の範囲内にあるとき（$a \leqq x \leqq a+c$）には断面の左側部材に加わる荷重の量は x の値により増減するので

$$S=R_{\mathrm{A}}-w(x-a) \quad (a \leq x \leq a+c) \tag{9.16}$$

となる．$x<a$ では $S=R_{\mathrm{A}}$，$a+c<x<a$ では $S=-w \cdot c=-R_{\mathrm{B}}$ である（図 9.10b）．複数の荷重におけるせん断力を求めるときにも，重ね合わせの原理が適用できる．

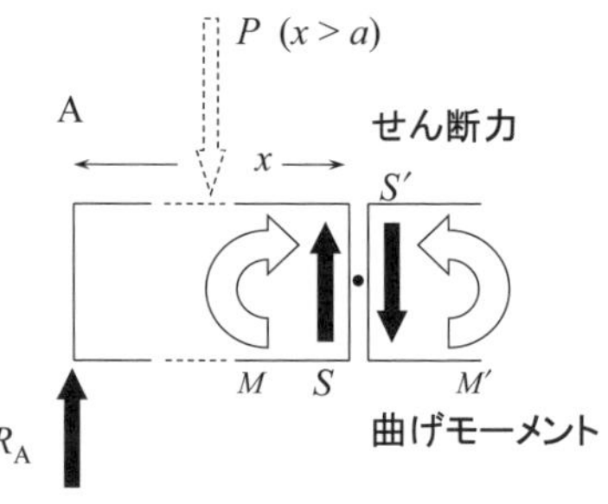

図 9.9　はりの断面（鈴木, 2002, p. 100）

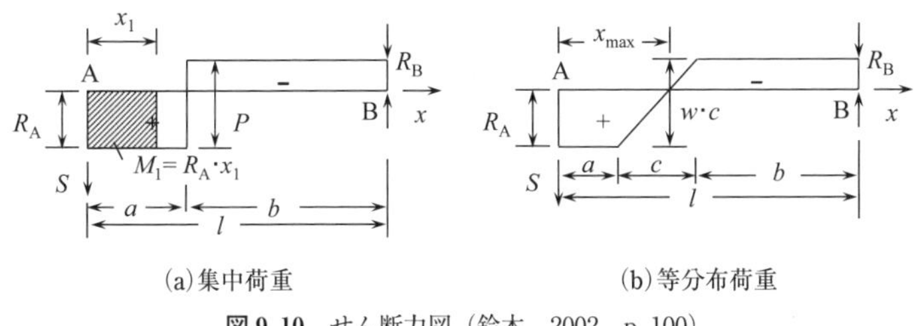

(a)集中荷重　(b)等分布荷重

図 9.10　せん断力図（鈴木，2002，p. 100）

c.　曲げモーメント

はりの支間に外力が作用するとモーメントが発生し，はりは両支点で支えられているため部材をたわませようとする曲げモーメントとしてはたらく．これを支点 A から x の距離にある断面で考えてみる（図 9.9）．断面左側の部材にはたらくモーメント M について，断面を支点にとると S はモーメントの腕の長さがゼロになるので考えなくてよい．すると集中荷重の場合（図 9.7a）には x の値に応じて

$$M = R_A \cdot x \quad (x < a) \tag{9.17a}$$

$$M = R_A \cdot x - P\ (x - a) \quad (a < x) \tag{9.17b}$$

となる（M の大きさは反時計回りを正とした）．モーメントを計算するときの支点はどこで考えても同じ値となるが，この例のように力の作用点にとると計算が楽になる．また，せん断力と同様に断面右側の部材でも同じ結果になる．

式（9.17）を図化したものを曲げモーメント図とよぶ（図 9.11a）．式の導出からも理解できるように，式（9.17）は図 9.10a のせん断力曲線を積分したものである（境界条件は $x=0$，l において $M=0$）．

図 9.7b の等分布荷重についても同様に，M は次式のようになる（図 9.11b）．

$$M = R_A \cdot x \quad (x < a) \tag{9.18a}$$

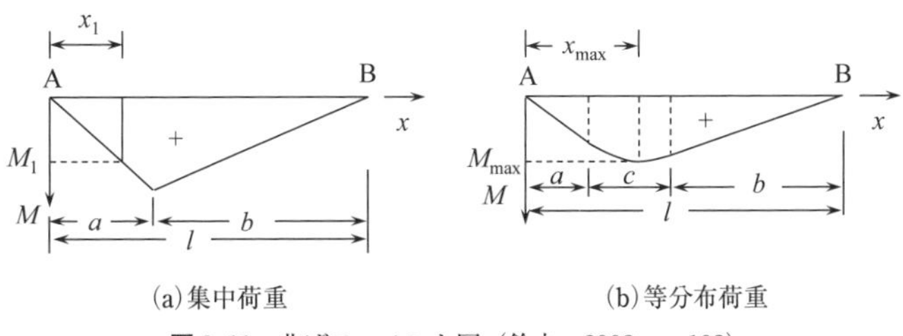

(a)集中荷重　(b)等分布荷重

図 9.11　曲げモーメント図（鈴木，2002，p. 102）

$$M = R_A \cdot x - w\ \frac{(x-a)^2}{2}\ 2 \quad (a \leq x \leq a+c) \tag{9.18b}$$

$$M = R_A \cdot x - w \cdot c\left\{x - \left(a - \frac{c}{2}\right)\right\} = -R_B\ (l-x) \quad (a+c<x) \tag{9.18c}$$

xの関数としての$M(x)$は，同じくxの関数としての$S(x)$を積分したものである．すなわち$M(x)$の微分係数が$S(x)$である．

$$\frac{dM(x)}{dx} = S(x) \tag{9.19}$$

したがってMはSがゼロとなるxにおいて最大値M_{max}をとる（図9.11a，bでそれぞれ$x=a$，$x=x_{max}$）．複数の荷重についての曲げモーメントは，やはり重ね合わせの原理を適用し個別荷重の曲げモーメントを加えることにより計算できる．

d. 曲げモーメントによる内部応力

(1) 曲げによる断面応力（圧縮と引張） 外力によって生じた曲げモーメントによりたわみが生じているはり（図9.12a）からn-n'の微小区間（幅dx）を取り出し，たわみによる変形前（$ABCD$）と変形後（$A'B'CD$）の微小部分を重ねてみる（図9.12b）．材料は均質な弾性体で，はりの軸に直角な断面は変形後も平面を保ち，断面は全長にわたり同形状とすると，微小部分の上端は圧縮により縮み（$AD \rightarrow A'D$），下端は引張りにより伸び（$BC \rightarrow B'C$），その間には変形しない層

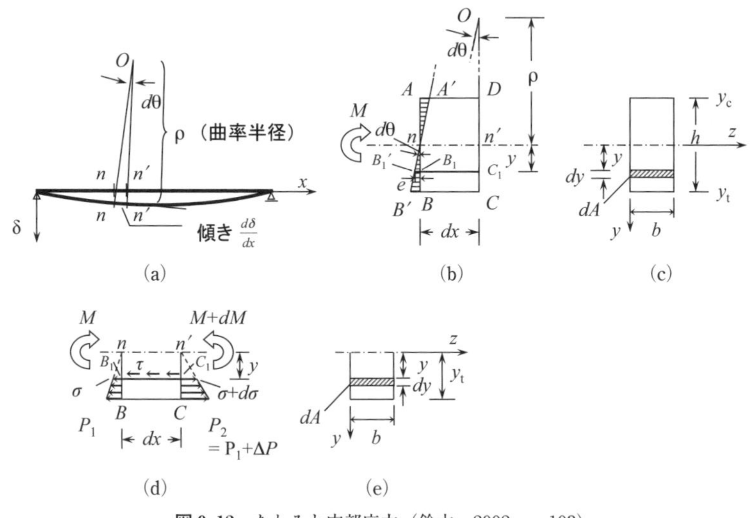

図9.12 たわみと内部応力（鈴木，2002，p. 103）

(n-n') がある．これを中立軸という．

中立軸から y だけ離れた層 B_1C_1 にはたらく応力 σ を求める．たわみ曲線は微小区間なので円弧で近似し，その曲率半径を ρ とする．図 9.12b より扇形 nOn' と $B_1'nB_1$ は相似なので $\rho/dx=y/e$ であるから，ひずみ ε は次式で表される．

$$\varepsilon=\frac{e}{dx}=\frac{y}{\rho} \tag{9.20}$$

部材のヤング係数を E とすると，式 (9.3) より B_1C_1 にはたらく応力 σ として

$$\sigma=E\frac{y}{\rho} \tag{9.21}$$

を得る．この σ は，部材軸方向に直角な断面（図 9.12c）の B_1C_1 層（厚み dy，面積 dA）にはたらく応力であり，中立軸を支点として $\sigma\cdot dA\cdot y$ のモーメントを発生している．これを全断面（面積 A）にわたって合計（y について積分）したものがこの断面における内部モーメントで，これにより外力による曲げモーメント M に部材が耐えているのである．つまりそれらは釣り合っており等しい．

$$\int\sigma\cdot dA\cdot y=\int\left(E\frac{y}{\rho}\right)ydA=\frac{E}{\rho}\int y^2dA=\frac{El}{\rho}=M \tag{9.22}$$

上式で $l=\int y^2dA$ は断面 2 次モーメント（断面の形状で定まる長さの 4 乗の次元をもつ量）である．図 9.12c の幅 b 高さ h の長方形断面では $I=bh^3/12$ となる．

式 (9.21)，(9.22) から ρ および E を消去すると

$$\sigma=M\frac{y}{l} \tag{9.23}$$

を得る．式 (9.23) により，M と I から部材断面の任意の高さ y にはたらく応力 σ を知ることができる．また，最大（圧縮あるいは引張）応力（$\sigma_{c.max}$，$\sigma_{t.max}$）は断面の上端（$y=y_c$）あるいは下端（$y=y_t$）において生じることがわかる．

$$\sigma_{c.max},\quad \sigma_{t.max}=M\frac{y_{c,t}}{l}=\frac{M}{Z_{c,t}} \tag{9.24}$$

$Z_{c,t}=I/y_{c,t}$ は断面係数とよばれ，断面形状の曲げ応力に対する特性を示す値である．図 9.12 (c) のように上下対称の断面では $y_c=y_t$ である．

(2) 曲げによるせん断応力　微小区間（図 9.12b）の断面左右にはたらく曲げモーメントの差により，材軸に平行なせん断力が発生する．図 9.12b の B_1C_1 面

にはたらくせん断力 T は，図 9.12d のように部材小片 B_1BCC_1 を取り出して考えると，B_1C_1 面から下側の左側断面 B_1B にはたらく引張力 P_1 と右側断面 C_1C にはたらく引張力 P_2 との差 ΔP に等しい（下端の BC 面には力は加わらない）．また力は応力に面積をかけたものなので

$$T = \Delta P = P_2 - P_1 \tag{9.25}$$

$$P_1 = \int_y^{y_t} \sigma \cdot dA,\quad P_2 = \int_y^{y_t} (\sigma + d\sigma) \cdot dA \qquad (9.26\text{ a, b})$$

式（9.25）に式（9.26）を代入し，σ と曲げモーメント M の関係式（9.23）を用いると

$$T = \Delta P = \int_y^{y_t} d\sigma \cdot dA = \int_y^{y_t} \frac{dM}{l}\, y \cdot dA \tag{9.27}$$

B_1C_1 面にはたらくせん断力 T を B_1C_1 面の面積で割ると単位面積あたりの値（せん断応力 τ）になる．B_1C_1 の奥行幅を b とすると（図 9.12e）面積は $b \cdot dx$ なので

$$\tau = \frac{T}{b \cdot dx} = \int_y^{y_t} \frac{dM}{dx} \cdot \frac{y}{bI}\, dA = \int_y^{y_t} \frac{S}{bI}\, ydA = \frac{S}{bI}\, G_z \tag{9.28}$$

となる．S は図 9.10 のようにして求められる部材鉛直方向のせん断力で，式（9.19）から $S = dM/dx$ である．$G_z = \int ydA$ は断面 1 次モーメント（断面の形状により決まる長さの 3 乗の次元をもつ値）である．積分は図 9.12e のように z 軸（中立軸）からの距離 y に関して行う．G_z には正負があり，断面上下端全域（$y = y_c \sim y_t$）について積分すると $G_z = 0$ となる（中立軸はそのように定められる）．

式（9.28）の G_z はせん断力 τ を考える層（B_1C_1）から断面端（BC）までの積分値なので，B_1C_1 が中立軸に一致するとき（$y = 0$）に最大値 G_{z0} をとる（圧縮側でも同様）．したがって，曲げによるせん断応力の最大値 $\tau_{\max}$ は中立軸 n–n' で生じる．

$$\tau_{\max} = \frac{S}{bI} G_{z0} \tag{9.29}$$

e.　たわみ

曲げモーメントによりたわんでいるはり（図 9.12a）のたわみ量を求める．変形前の材軸を x 軸にとり，たわみ量を下向きの δ 軸で表す．変形後の材軸の曲線（たわみ曲線）を x の関数 $\delta = f(x)$ とすると δ の傾き θ は式（9.30）で，傾きの変化率（曲率 ϕ）は式（9.30）を微分した式（9.31）で表される（符号に注意）．

$$\tan\theta = \frac{d\delta}{dx} \tag{9.30}$$

$$\phi = -\frac{d^2\delta}{dx^2} \tag{9.31}$$

ϕは曲率半径ρの逆数（$\phi=1/\rho$）であり，式（9.22）から$EI/\rho=M$なので，結局

$$\frac{d^2\delta}{dx^2} = -\frac{M}{EI} \tag{9.32}$$

となる．一般にMはxの関数なのでδの曲線は上式を2回積分して得られる．

図9.7aの単一集中荷重の例では$M(x)$は式（9.17）で表される．R_Aに式（9.13）を代入し，2回の積分を行い境界条件（$x=0$，lで$\delta=0$；$x=a$における左右の式でのδと$d\delta/dx$の一致）から積分定数を定めると，δは次式のように求まる．

$$\delta = \frac{Pbx}{6lEI}(l^2-b^2-x^2) \quad (0<x\leq a) \tag{9.33a}$$

$$\delta = \frac{P}{6EI}\left\{\frac{bx}{l}(l^2-b^2-x^2)+(x-a)^3\right\} \quad (a<x\leq l) \tag{9.33b}$$

δはPが支間中央に作用したときのPの作用点（$a=b=l/2$，$x=l/2$）で最大となる．

$$\delta_{\max} = \frac{Pl^3}{48EI} \tag{9.34}$$

等分布荷重（図9.7b）の例として，式（9.18）と式（9.14）をもとに等分布荷重が全支間にわたっている場合（$a=b=0$, $c=l$）についてδを求めると式（9.35）を得る．最大たわみ量はやはり支間中央（$x=l/2$）で生じる（式9.36）．

$$\delta = \frac{wx}{24EI}(x^3-2lx^2+l^3) \tag{9.35}$$

$$\delta_{\max} = \frac{5wl^4}{384EI} \tag{9.36}$$

f. 影響線図

橋梁の設計では，活荷重の位置を変え最大応力が生じる場合を想定し応力を算定するが，影響線図を用いると荷重位置の変化による影響を一望できる．

図9.13aは支点反力Rの影響線図である．大きさ1の単位荷重P_nを支点A($\xi=0$)に加えると，支点A，Bの反力$R_{A,B}=1$，0となる．P_nの移動によりこれらの値は直線的に変化することから，このような図を描くことができる．せん断力Sの影響線図（図9.13b）は，SがRから求められるので，Rの影響線図（図9.13a)から描くことができる．Sを考える着目点をtとしたとき，P_nの位置ξによる，tでのSの値が実線である（$\xi<t$のとき$S<0$）．曲げモーメントMの影響線図（図9.13c）は，tではりを分割しP_nがその左か右かで場合分けをして導かれる．tにP_nが加わるときの曲げモーメント図（図9.11a）と同じ外見となる．

影響線図の縦軸は，RとSについては単位がなく（無次元），Mでは長さ（m）である．すなわち，集中荷重については，荷重が加わる位置ξの影響線図の値に荷重の大きさをかけたものが，着目点tにおける求める力あるいはモーメントになる．等分布荷重については，荷重が加わる範囲の影響線図の面積（単位：mあるいはm^2）に等分布荷重の大きさ（N/m［kgf/m]）を乗じると，着目点での求める力（N［kgf]）あるいはモーメント(N/m［kgf/m])が得られる．

単純ばりの場合，Sの最大値は荷重位置ξがはりのいずれかの端にあるときに生じる．τ（曲げモーメントによる部材内部のせん断力）はSに比例する（式

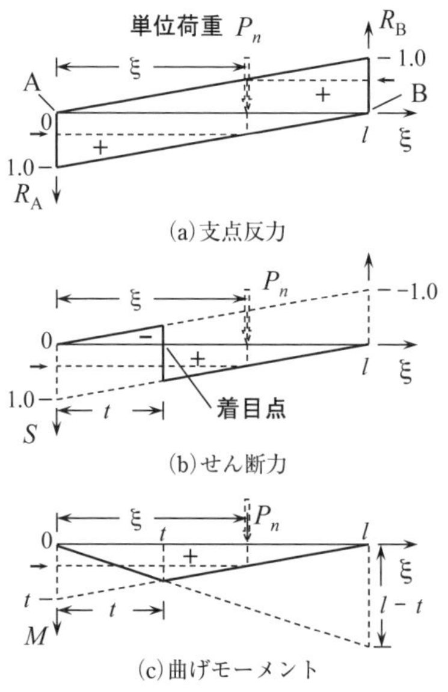

図9.13　影響線図（鈴木，2002，p. 107を改変）

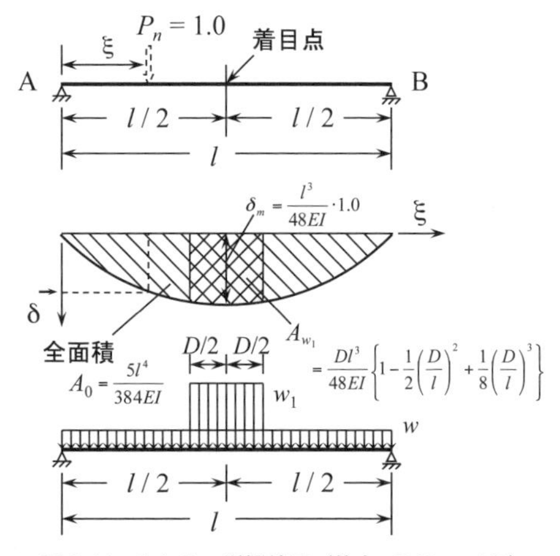

図9.14　たわみの影響線図（鈴木，2002，p. 107）

9.28）ので，τもこのとき最大値をとる．Mの最大値は，着目点tと荷重位置ξ（等分布荷重のときは荷重範囲の中心）が支間中央にあるときに生じる．部材内部の応力σはMに比例する（式9.23）ので，このときσも最大となる．

たわみδの影響線図は，（式9.33）でPを単位荷重（＝1.0）に，aおよびbを荷重位置ξおよび$l-\xi$に置き換え，xに着目点の支点Aからの距離をあてることにより得られる．たわみが最大になる支間中央（$x=l/2$）に着目点をとると

$$\delta = \frac{l^3}{48EI}\left\{3\left(\frac{\xi}{l}\right)-4\left(\frac{\xi}{l}\right)^3\right\} \quad \left(0\leq\xi\leq\frac{l}{2}\right) \tag{9.37a}$$

$$\delta = \frac{l^3}{48EI}\left\{4\left(\frac{\xi}{l}\right)^3-12\left(\frac{\xi}{l}\right)^2+9\left(\frac{\xi}{l}\right)-1\right\} \quad \left(\frac{l}{2}<\xi\leq l\right) \tag{9.37b}$$

を得る（図9.14）．上式でξに$l/2$を代入して得られる値（図9.14のδ_m）に集中荷重Pを乗じて式（9.34）の$\delta_{\max}$を，ξを0からlの間で積分して求められる面積（図9.14のA_0）にwを乗じて式（9.36）を得る．このように，式（9.37）は単純ばりの一般的な荷重状況における最大たわみ量の計算に利用できる．

複数の荷重が加わるときのたわみ量も，重ね合わせの原理から求められる．たとえば，図9.14のように全支間にわたる等分布荷重wと幅Dの等分布荷重w_1（荷重の中心は支間中央）が同時に作用するときの支間中央における最大たわみ量について，まずwによるたわみ量は先述のように$A_0\cdot w$である．w_1によるたわみ量は影響線図のw_1の荷重範囲に相当する面積A_{w_1}にw_1を乗じたものであることから，wとw_1による総たわみ量として$A_0\cdot w+A_{w_1}\cdot w_1$が得られる．

9.3 橋 梁 の 設 計

9.3.1 荷重の種類

橋梁に作用する荷重は，つねに作用する主荷重（死荷重，活荷重，衝撃など），つねには作用しない従荷重（風荷重，温度変化の影響，地震の影響など），そして特殊荷重（雪荷重，施工時荷重，衝突荷重など）に大別される．これらのうち，林道橋の設計に際して重要なものについて以下に説明する．

a. 死荷重

死荷重とは，床版，床組，主げた（主構）および橋上の諸施設（高欄，排水管など）からなる橋梁の自重である．床組や主げた（主構）は，まず設計資料や実

例を参考に概算の値を用いて設計し，設計完了し構造や断面が決定した後，確定した値と相違が著しい場合は再設計を行う．

一般に死荷重は厳密な等分布荷重ではないが，けた橋やトラス橋の設計では等分布荷重とみなす．材料の単位重量 γ（kN/m^3［kgf/m^3］，表9.4）に部材の断面積 A（m^2）をかけて単位長あたり死荷重強度 w（kN/m［kgf/m］）が得られる．

b.　活荷重

道路橋に移動しながら作用する自動車荷重などを活荷重といい，床版や床組の設計に使用するT荷重と主げたや主構の設計に使用するL荷重とがある．これらはさらに大型自動車の交通状況に応じA活荷重とB活荷重とに区分されている．林道ではA活荷重が用いられる（林道規程第28条）．

T荷重は複数の車軸を橋軸方向に一組の車軸に置き換えたものとして定められている（図9.15a, b）．橋軸直角方向には幅員に応じ載荷できるだけの数を，設計する部材にもっとも不利な応力が生じるように配置した状態で応力計算を行う．

L荷重は図9.15cのように橋の全面にわたる等分布荷重 p_2 と橋軸方向の載荷長 D（A活荷重では6 m）の一組の等分布荷重 p_1 とからなる（表9.5）．p_1 の橋軸方向の位置は部材の応力がもっとも不利になるところにする．なお，橋軸直角方向の載荷幅（すなわち橋の幅員）が5.5 mを超える場合（2車線の1級林道）は，その部分については従載荷荷重として p_1，p_2 の値を1/2とし，幅5.5 mの主載荷部分は部材に生じる応力がもっとも不利になるように橋軸直角方向の位置を定める．短い支間長ではT荷重の影響のほうが大きくなる場合があるため，支間長

表9.4　材料の単位重量（鈴木，2002，p. 109）

材　料	単位重量 kN/m^3［kgf/m^3］
鋼・鋳鋼・鍛鋼	77　［7850］
アルミニウム	27.5［2800］
鉄筋コンクリート	24.5［2500］
コンクリート	23　［2350］
セメントモルタル	21　［2150］
木材	8.0［ 800］
瀝青材（防水用）	11　［1100］
アスファルト舗装	22.5［2300］

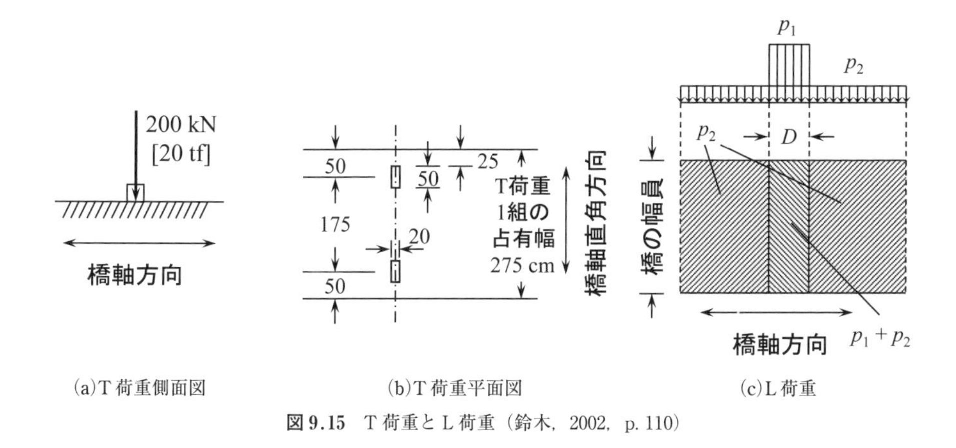

(a)T 荷重側面図　(b)T 荷重平面図　(c)L 荷重

図 9.15　T 荷重と L 荷重（鈴木，2002，p. 110）

15 m 未満の主げたでは T 荷重と L 荷重のうち不利な応力を与えるほうを用いる．

c.　衝撃荷重

活荷重としての車両が橋上を移動するとき，実際に橋にかかる荷重の値は動的応答のため一定ではなく，平均値を中心に変動する．これを考慮するために，活荷重 P_{L_0} は衝撃係数 i のぶんだけ割り増しして P_{L_1} とする．

$$P_{L_1} = (1+i)\ P_{L_0} \tag{9.38}$$

鋼橋における i は，支間 L（m）に対し $i=20/(50+L)$ とされている．

d.　地震荷重

1995 年の阪神・淡路大震災を機に，道路示方書の耐震設計編も大きく改訂された．道路橋では水平震度のみを考え，設計水平震度の標準値 k_{h_0} に地域別補正係数 C_z（0.7 ～ 1.0）を乗じて設計水平震度 k_h を求める（震度：地震によって生じる加速度の重力加速度に対する比）．上部構造では死荷重 W を k_h に乗じて地震による慣性力 H_{EQ} を求め，これを水平方向に荷重して応力照査を行う．

表 9.5　L 荷重の強度（鈴木，2002，p. 111）

等分布荷重 p_1 kN/m^2 [kgf/m^2]		等分布荷重 p_2 kN/m^2 [kgf/m^2]		
曲げモーメントを算出する場合	せん断力を算出する場合	$L \leqq 80$	$80 < L \leqq 130$	$L > 130$
10 [1000]	12 [1200]	3.5 [350]	4.3-0.01L [430-L]	3.0 [300]

L：支間長（m）．A 活荷重の場合，p_1 の載荷長 $D=6$（m）．

$$H_{EQ} = k_h \cdot W \tag{9.39}$$

$$k_h = C_z \cdot k_{h_0} \tag{9.40}$$

k_{h_0} は構造物の固有振動周期 T（秒）と地盤の種別に応じて算出される.

e.　雪荷重

多雪地帯では雪荷重を考慮する．車両が通行できる程度の圧雪した雪（15 cm 程度）の荷重は 1.0 kN/m^2［100 kgf/m^2］として計算する．この場合，主荷重に相当する特種荷重とし橋の全面に載荷する．積雪がとくに多く通行不能な場合は活荷重を想定せず積雪量に応じて設計する．雪の単位重量は多雪地帯で 3.5 kN/m^3［350 kgf/m^3］を見込めばよい．雪荷重はこれに積雪深を乗じた値となる.

f.　荷重の組み合わせ

これらの荷重のうち，同時に作用する可能性が高いものを組み合わせ，そのなかでもっとも応力的に不利な組み合わせを用いて設計を行う．①主荷重（P）＋主荷重に相当する特種荷重（PP），② P＋PP＋温度変化の影響（T），③ P＋PP＋風荷重（W），④ P＋PP＋T＋W，⑤活荷重および衝撃以外の主荷重＋地震の影響，などで，荷重の組み合わせにより 1.15 ～ 1.70 の割り増し係数が定められている.

9.3.2　上部構造の設計手順

以下では，RC 床版を用いた単純げた構造をした橋梁（図 9.2，9.3）の上部構造の設計方法について述べる．ただし床版については概略にとどめている.

a.　床版の設計

床版の厚さは表 9.6 を標準とする（最小 16 cm）．床版の支間 L は，けたの間隔あるいは片持部の長さである．「単純版」は 2 本のけたが単純ばりの形式で，「連続版」は 3 本以上のけたが連続ばりの形式で支持するものをいう（図 9.16).

床版は本来平版として 2 次元的解析が必要だが，RC 床版では簡便のため既往の解析結果に基づき支間と設計荷重から設計曲げモーメントを定めてよいとされており，この場合せん断力の応力照査は省略できる．一般に床版の主鉄筋は橋軸直角方向に，配力鉄筋は橋軸方向に配置される.

鉄筋コンクリートにおいては，曲げモーメントにより断面の中立軸より上側（下に凸の曲げの場合）に発生する圧縮力をコンクリートで，中立軸より下側の引張力を断面下部に配置した鉄筋で受け持つ．このとき，コンクリートの断面と鉄

表 9.6　床版の最小厚さ（鈴木，2002，p. 113）

区　分	厚さ（cm）
単純版	$4L+11$
連続版	$3L+11$
片持版	$28L+16$ $(0 < L \leqq 0.25)$
	$8L+21$ $(L > 0.25)$

L：床版の支間（m）．

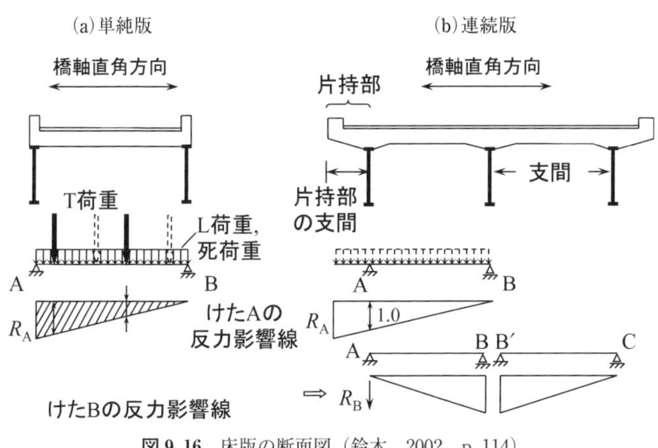

図 9.16　床版の断面図（鈴木，2002，p. 114）

筋の量を調整しこれらの力が釣り合うようにすると合理的である．ただし材料費によってはもっとも経済的とは限らない．

鉄筋量が決定したら床版への配筋をする．鉄筋は通常直径 13，16，19 mm の異径鉄筋を用い，かぶり厚さは 3 cm 以上とる．鉄筋の中心間隔は 10 ～ 30 cm とし，主鉄筋と直角方向に配力鉄筋を配置する．また予期できない逆向きの曲げモーメントに備え，原則として圧縮側にも引張側の 1/2 以上の鉄筋を配置する．

連続版ではけたの支点部において逆向きの曲げモーメントが発生するため，図 9.17a のように主鉄筋を折り曲げる．道路示方書では床版支間中央部の引張鉄筋量の 80%以上，および支点上の引張鉄筋の 50%以上はそれぞれ折り曲げずに連続させて配置することとされている．このため，図 9.17b のように折り曲げない 2 本 1 組の主鉄筋を，折り曲げ鉄筋と交互に配置するように配筋する．

b.　主げたの設計

(1) 荷重と設計曲げモーメント　　床版や舗装，高欄などによる死荷重（表

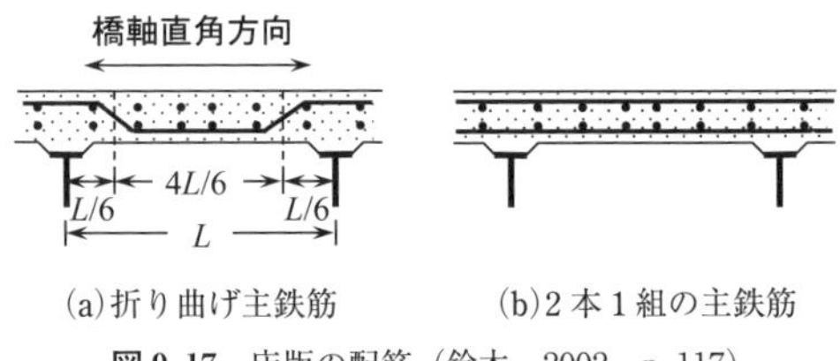

図 9.17　床版の配筋（鈴木，2002，p. 117）

9.4）を算定する．けた断面はこの時点で未定のため，けたの自重は設計資料や実例などを参考にして仮の値を用いる．死荷重にT荷重などの活荷重（図 9.15，表 9.5）を加えた荷重を，2本以上ある主げたに分配する．これには橋軸直角方向の断面においてけたを支点，床版をはりと考え，反力の影響線を用いる（図 9.16）．活荷重は，荷重配分を計算するけたごとに位置を移動させ，そのけたに対してもっとも不利な応力が生じるようにする．図 9.16b のように主げたが3本以上ある場合（連続ばり）でも，単純ばりの組み合わせとして荷重を計算し合計する簡易計算法を用いてもよいとされている．

分配された荷重値を用い，それぞれのけたを橋軸方向に配置したはりとし，設計曲げモーメント M と設計せん断力 S を，影響線図を用いて求める．M は着目点と活荷重をともに支間中央に，S は着目点と活荷重をともに支点（等分布活荷重の場合は荷重範囲を支点側いっぱいに寄せる）にすると，最大値となる．

(2) けた断面　けたにはI型鋼あるいはプレートを溶接したIげた（図 9.18）を用いる．I型鋼はJIS規格製品から選択し，Iげたの寸法は施工例などを参考に決定する．応力などの照査を満たせば設計完了だが，照査の条件をちょうど満たすような断面寸法にすると経済的である．設計曲げモーメント M に対する経済的なけた高 h は，上下フランジプレートが同じ断面である場合，次式で求められる．

$$h=\sqrt{\frac{6}{5}\cdot\frac{M}{\sigma_a t_w}} \qquad (9.41)$$

σ_a は鋼材の許容曲げ応力度（表 9.2），t_w は腹板の厚さである．座屈しないために t_w は鋼材の材質により上下フ

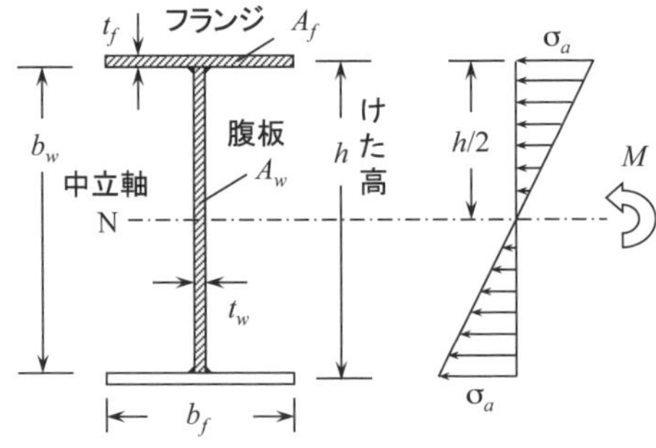

図 9.18　Iげた（鈴木，2002，p. 118）

ランジプレートの純間隔 b_w の 1/110 ～ 1/150（水平補剛材がある場合は 1/190 ～ 1/300）程度は必要である．過去の実例や最適設計法から，単純げた橋の h は支間の 1/15 ～ 1/20 程度が適当とされる．

フランジプレートの寸法として，断面積 A_f（＝プレートの厚さ t_f×幅 b_f）は

$$A_f = \frac{M}{\sigma_a h} - \frac{h \cdot t_w}{6} \tag{9.42}$$

が適当である．t_f は，局部座屈が生じないよう，圧縮側は幅 b_f の 1/10 ～ 1/13，引張側は 1/16 以上が必要である．式（9.42）は，けた断面にはたらく曲げモーメントと部材内部応力によるモーメントの釣り合い（図 9.18，次式）から導かれる．

$$M = 2\left(\sigma_a A_f \frac{h}{2} + \frac{1}{2}\sigma_a \frac{t_w h}{2}\frac{h}{3}\right) \tag{9.43}$$

なお，式（9.41）はけたの断面積（$A_{\mathrm{I}} = 2A_f + h \cdot t_w$）を式（9.42）を用いて表し，これが最小となる条件式（$dA_{\mathrm{I}}/dh = 0$）から求められる．

(3) 応力照査　決定した断面の寸法について，M による圧縮および引張応力度（$\sigma_{\mathrm{c.max}}$，$\sigma_{\mathrm{t.max}}$）が σ_a 以下であるかを式（9.24）を用いて確認する．断面 2 次モーメント I は，JIS 規格 I 型鋼では規格表から得られる．図 9.18 の寸法の I げたでは次式となる．

$$I = \frac{t_w b_w^{\,3}}{12} + 2\left\{\frac{b_f t_f^{\,3}}{12} + b_f t_f \left(\frac{h}{2}\right)^2\right\} \tag{9.44}$$

せん断応力の照査には式（9.29）を用いる．I 型断面のけたでは簡易式として次式を用いてもよい（A_w は腹板の断面積＝$b_w \cdot t_w$，τ_a は鋼材のせん断応力度（表 9.2））．

$$\tau_{\max} = \frac{S}{A_w} \leq \tau_a \tag{9.45}$$

なお，合成応力度の照査として，曲げモーメントによる圧縮・引張応力 σ_b とせん断応力 τ_b がともに許容応力度（σ_a および τ_a）の 45%を超える場合は，σ_b および τ_b が最大となる荷重状態について次式を満足する必要がある．

$$\left(\frac{\sigma_b}{\sigma_a}\right)^2 + \left(\frac{\tau_b}{\tau_a}\right)^2 \leq 1.2 \tag{9.46}$$

同一断面内では，フランジと腹板の接合部で σ_b と τ_b はともに大きくなる．

(4) たわみの照査　剛性の保証のため，たわみの照査を行う．最大たわみ量

表9.7　たわみの許容値（鈴木，2002，p.120）

適用範囲（m）	許容値（m）
$L \leqq 10$	$L/2000$
$10 < L \leqq 40$	$L^2/20000$
$40 < L$	$L/500$

L：支間長．RC床版のプレートガーダー橋，単純げたおよび連続げたに適用．

δ_l（式（9.37）と図9.14を用いて求める）は，衝撃を含まない活荷重に対するものとして，RC床版をもつプレートガーダー橋の単純・連続げたで表9.7のように制限されている．

(5) 補剛材，横構・対傾構，鋼重の照査と再計算　プレートガーダーは腹板が薄いので全体座屈を防ぐために補剛材を設け，けた間には風力，地震力などの横力に対抗するため横構と対傾構を設ける（図9.2）．

最終的な鋼重が決定したら，最初に仮定した鋼重と比較し不的確ならば設計計算を再度行う．橋梁の設計では必ず繰り返し計算が必要である．最初は粗い精度の設計計算にとどめ，全設計が収束したときに精算をすると効率がよい．

c. 床版とけたの固定，支承と落橋防止構造

RC床版と鋼げたは，鋼げたのフランジプレート上に溶接され折り曲げられた鋼棒により結合される（スラブ止め）．床版の支間が大きいときには，けたとの間に鋼製の格子げたからなる床組を設ける必要がある．

けたを橋台で支える支承は，設計反力に応じて標準化されているので設計便覧などを参考に選定する．支承の設計反力では地震荷重のほか，風荷重，温度の影響も考慮する．また，地震時の落橋を防止するため，橋台のけたかかり長には地盤ひずみを考慮し，上部構造のずれを制限する落橋防止装置を設ける．

[鈴木保志]

演習問題

(1)　9.2.2項e.で示されている，たわみ量δを表す式（9.33）および（9.35）を，式（9.32）から以下の手順で導きなさい．

i）集中荷重Pに関する式（9.33）：式（9.17）の支点反力R_Aに式（9.13）を代入して得られるモーメントMを式（9.32）に代入し，xに関する積分を2回行う．積分定数ははりの両端（$x=0$，l）で$\delta=0$，$x=a$における左右の式でのδと

$d\delta/dx$ の一致から定める.

ii) はりの全支間にわたる等分布荷重 w に関する式 (9.35)：式 (9.18) の R_A に式 (9.14) を代入して得られる M を式 (9.32) に代入する. その際, 等分布荷重ははりの全支間にわたるので $a=b=0$, $c=l$ とする. あとは i) と同様に x に関する積分を 2 回行い, i) と同様の境界条件で積分定数を定める.

(2) 2 級林道における支間 12 m の橋梁を以下の手順で設計しなさい. 構造は図 9.16a のように RC 床版を用いた単純げた (I 型鋼の主げた 2 本を用いる) とし, 荷重は死荷重と活荷重 (L 荷重) のみを考慮するものとする.

i) まず上部構造について, 林道規程第 13 条に従い地覆の寸法を定め, 床版は RC 製としてその厚さを表 9.6 に基づき定めなさい (5 cm 単位で切上げるものとする). 次に, 床版の上に瀝青の路盤を 4.0 cm, その上にアスファルト舗装を 4.0 cm 施すものとし, 路盤と舗装を含む床版の死荷重を, 橋の支間方向の長さあたり (kN/m) として求めなさい.

ii) I げたの寸法 (図 9.18) のうちフランジ幅 b_f は 500 mm (上下同寸), けた高 h は 900 mm とし, フランジ厚 t_f と腹板厚 t_w は 9.3.2 項 b. (2) の記述を参考に 5 mm 単位で, 応力とたわみの照査を満たすよう定めなさい.

第10章

林 業 用 架 線

急な傾斜や褶曲の多い地形に対応して集材作業を行うため，空中に架設したワイヤロープを利用して集材する架線集材作業が行われてきた．ここでは，架線作業に用いられる機械，索張方式，作業システムに加えて，架空索の理論と設計手順について述べる．

10.1　架線に用いられる装備と機械

架線集材作業は，ウィンチで駆動されるワイヤロープを操作して行われる．このために使われる機械と，これらを使う際の索張り方式を紹介する．

10.1.1　架線系林業機械とワイヤロープの扱い

a.　集材機

エンジンまたは油圧モータで駆動されるウィンチを，運転席とともに鋼製のはしご形そり上に搭載した機械を集材機とよぶ．通常は2～4の巻胴（ドラム）をもち，さらにエンドレス胴をもつ場合もある．そり上に搭載されているため，自身のウィンチやほかの機械の力で斜面を引き上げることが可能である．巻胴の巻取り容量は，索巻き最小直径，最大直径，巻胴幅，ロープ径で決まる．

b.　タワーヤーダ

自走式あるいは被牽引式の台車に，ウィンチに加えて元柱となるタワーを搭載した機械をタワーヤーダとよぶ．タワーとともに作業ブームを搭載し，グラップル作業やプロセッサ作業を行う機種もある．簡易な索張り方式を採用し，架設／撤去を短時間で行えるようになっており，林道上を移動して架線を張り換えることで面作業を行う．国産の機種は最大支間距離200～450 m，搬器走行速度60～120 m/分であるのに対し，海外では最大支間距離500～900 m，搬器走行速度300～600 m/分の機種が使われている．

c.　スイングヤーダ

タワーヤーダと同様の機能をもつが，元柱としてジブクレーンなど屈曲したブームを旋回台の上に搭載し，作業中に旋回できる．この機能によって，引き寄せた材の作業道上への荷下しが可能で，材の滑落を防いで集材後の作業と円滑に連携できる．日本では，油圧ショベルに複数のウィンチを搭載し，作業ブームを元柱として利用するのが一般的である．現在の国産機種の最大支間距離は100 m 程度または200 m 程度であり，索速度は100～170 m/ 分程度である．スイングヤーダは，控え索を用いずに本体質量によって安定を確保するため，作業時の転倒を防ぐことが重要で，集材時にはブームを車体前方に向けブレードを下げる必要がある．

d.　小型ウィンチ

油圧で駆動する小型ウィンチを油圧ショベルのブームあるいは本体に装着し，地曳き集材（木寄せ）に用いる．ワイヤロープを引き出す際は，ドラムのブレーキを解除して人力で引き出すが，ドラムの空転による乱巻きを防ぐため，つねに一定のブレーキ力が作用するようになっている．ロープの巻取り容量は30～70 m 程度の機種がある．小型ウィンチと小型のグラップルを装備した油圧ショベルは，作業道上での作業に広く普及している．

e.　自走式搬器

搬器内部にエンジンを搭載し，その動力で荷吊り索を駆動するとともに，走行用滑車を駆動して自力で移動する搬器．主索（スカイライン：搬器を支える架空索）とは別に走行用誘導索を用いる 2 線式と，主索を走行にも用いる 1 線式とに大別できる．操作には特定小電力無線を用いるため，最大到達距離は150 m 以上であるが，地形などの影響を大きく受ける．

f.　ワイヤロープの扱い

ウィンチの巻胴にワイヤロープを整然と巻くためには，最寄りの滑車が巻胴から十分離れている必要がある．この距離は，滑車から巻胴へ下ろした垂線（長さ L）と，滑車から巻胴のフランジへ引いた直線とがなすフリートアングルで表される（図 10.1）．フリートアングルは，クレーン構造規格（労働省告示第 134 号，1995 年）で $2°$ 以下と定められており，この時滑車から巻胴へ下ろした垂線の足から巻胴の遠いほうのフランジまでの距離 W_L と L との関係は $L \geq 30W_L$ となる．溝つきドラムの場合は，ロープの方向と溝とのなす角を $4°$ 以下とする．

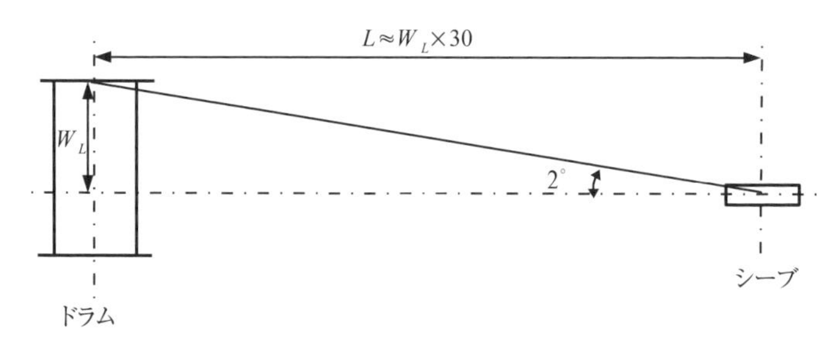

図 10.1　フリートアングル

ワイヤロープ（wire rope）は，数本から数十本のワイヤ（素線）を単層または多層により合わせたストランド（strand，小縄）を，麻綱やワイヤロープの心綱の周囲に一定のピッチでより合わせた構造をしている（図 10.2）．この構造により曲げ抵抗が少ないという特性をもつ．その呼称は，構成するストランドの数と形，ストランド中の素線の数と配置，心綱の種類などを表している．

ロープならびにストランドのより方向には，ロープ（ストランド）軸を縦にみたときにストランド（素線）が右上から左下に向かう Z よりと，ストランド（素線）が左上から右下に向かう S よりの 2 種類がある（図 10.3）．

ワイヤロープのより方には，普通よりとラングよりとがある．ワイヤロープに

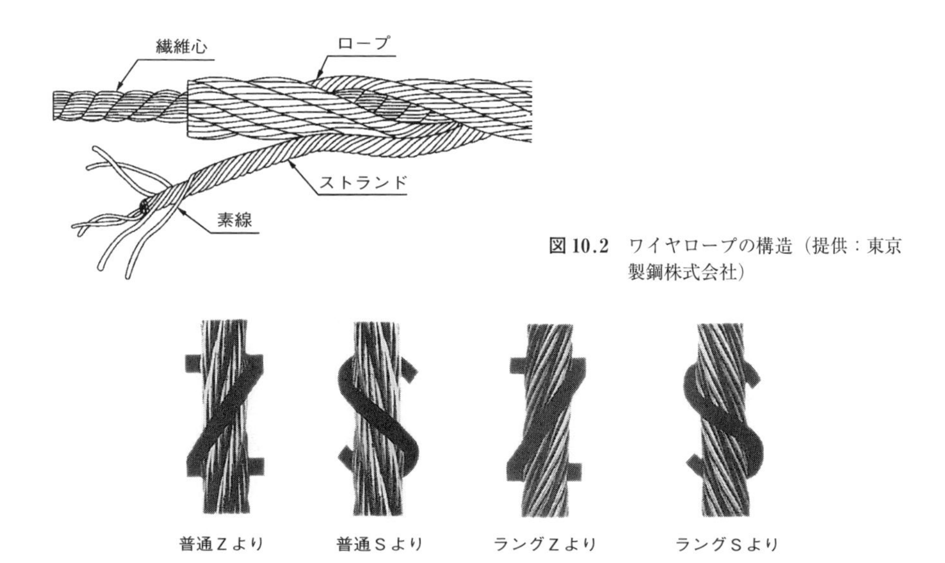

図 10.2　ワイヤロープの構造（提供：東京製鋼株式会社）

図 10.3　ワイヤロープのより方向とより方（提供：東京製鋼株式会社）

張力がかかったときに，よりが戻る方向に自転するトルクを小さくするため，ロープのより方向とストランドのより方向とを逆方向にしたのが普通よりである．自転トルクが小さいためキンクを起こしにくい，形くずれしにくいという利点があるが，素線の方向がロープ軸とほぼ平行になっており表面の凹凸が大きいため，ラングよりと比べて摩耗しやすいという欠点がある．ラングよりは，ロープのより方向とストランドのより方向とが同方向であり，表面が円滑で普通よりと比べて摩耗しにくいが，ロープの自転トルクが大きくキンクを起こしやすい．集材架線の主索は両端を固定し自転トルクの大きさが問題とならないため，耐摩耗性の高いラングよりが適している．なおキンクとは，ワイヤロープの損耗の１つであり，環状になったワイヤロープに張力がかかって環が閉まることにより，ワイヤロープが変形しもとに戻らなくなる現象である（図 10.4）．

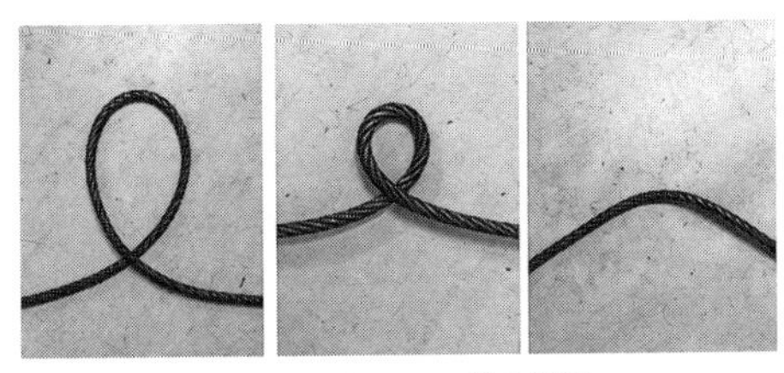

図 10.4　キンクの発生過程

10.1.2　索張り方式

a.　小型ウィンチ（単胴）を用いた索張り

単胴ウィンチでは，材を直引するだけでなく，固定主索と搬器の係留装置を併用することにより，重力を利用した上げ荷，下げ荷集材が可能である．また，材を吊り上げ搬器を引き寄せるメインライン（引寄索：国内ではホールラインとよばれることが多いが国際的にはメインラインという呼称が一般的である）の一端を，搬器に固定した滑車を通してから荷掛け滑車を吊り下げ，搬器に固定する索張は，海外の小型タワーヤーダや国内の簡易集材で上げ荷集材に用いられる（図 10.5）．また搬器に滑車を追加し，その滑車を通してからメインラインを荷掛け滑車に固定することで荷上げ力を大きくできる（図 10.18b 参照）．

b.　スイングヤーダ（2 胴）を用いた索張り

2 胴ウィンチを用いることで，可動主索とメインラインを操作し，空搬器を重力で送り，主索をゆるめて下げて荷掛けを行い，主索を張り上げて上げ荷集材するアメリカなどのショットガン式や，搬器を荷掛け地点に送る引戻索を先柱で折り返し，その上に載せた搬器の下部で引戻索（ホールバックライン）とメインラ

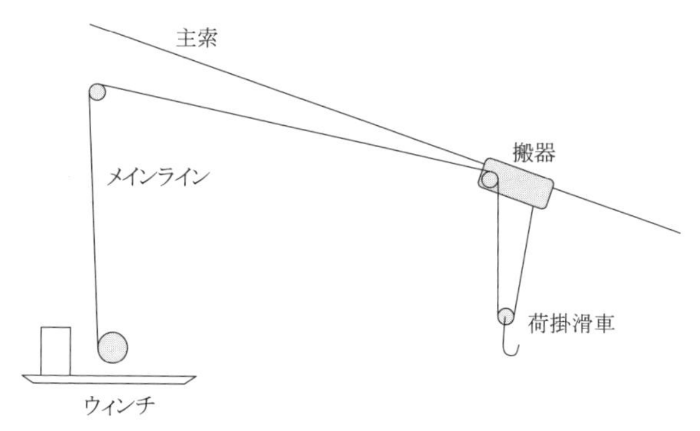

図10.5　1胴ウィンチによる索張りの例

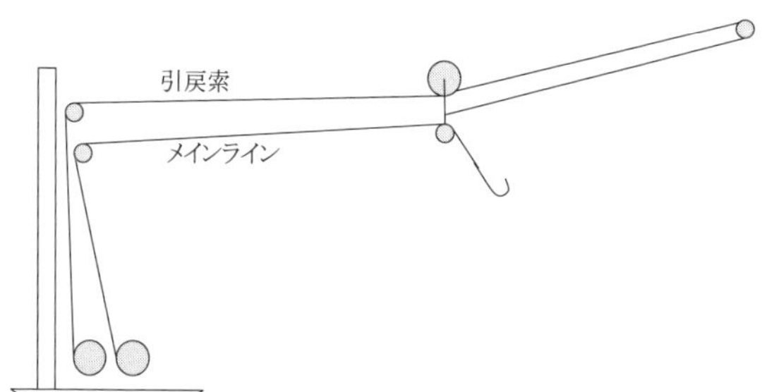

図10.6　ランニングスカイライン式

インとを連結してエンドレス形状にするランニングスカイライン式（図10.6）による上げ荷・下げ荷集材などが実行できる．また，係留搬器と組み合わせて，2胴によってメインラインと引戻索を操作して巻上索を動かすタワーヤーダもある．

c.　タワーヤーダ（3胴）を用いた索張り

現在用いられている多くのタワーヤーダは3胴ウィンチをもち，メインライン，引戻索に加えてスラックプリングラインを操作し，固定主索とスラックプリング搬器と組み合わせて上げ荷・下げ荷集材を行う（図10.7）．スラックプリングラインは，荷を吊るメインラインや巻上索を引き出すために用いられる．この索張りは，搬器の機能によりスラックプリングラインを省略するなど，さまざまなバリエーションがある．

d.　集材機を用いた索張り

集材機を用いることにより，上記のすべての索張り方式を行えるほか，2胴ウィンチによって，荷上索と引戻索を操作して下げ荷集材するタイラー式，メインラインと引戻索を操作して上げ荷・下げ荷集材するフォーリングブロック式，

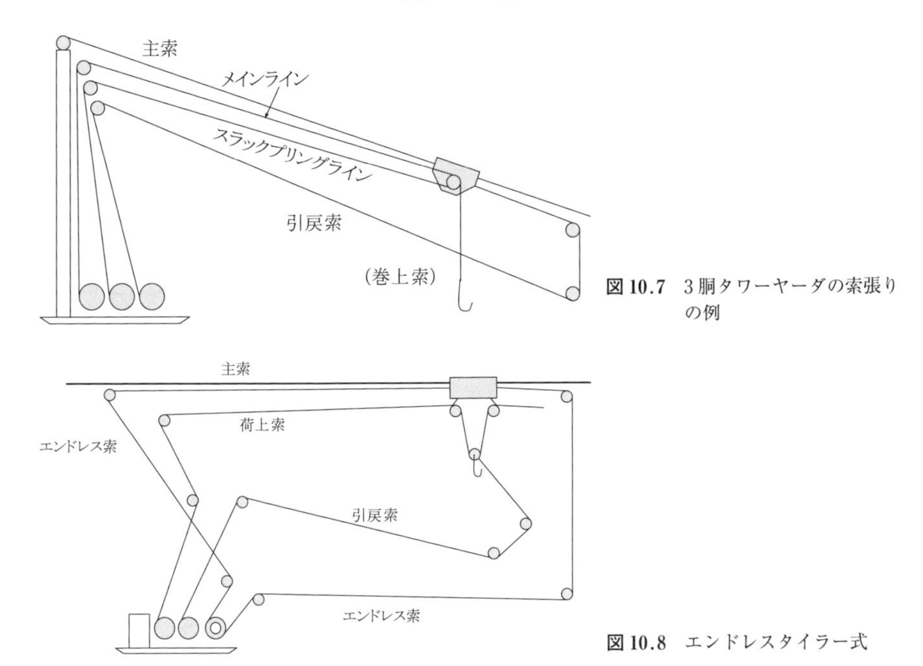

図 10.7　3胴タワーヤーダの索張りの例

図 10.8　エンドレスタイラー式

2エンドレスシーブによって走行用エンドレス索とスラックプリング用エンドレス索を操作して上げ荷・下げ荷集材するダブルエンドレス式，2胴1エンドレスシーブによって荷上索，引戻索，走行用エンドレス索を操作して上げ荷・下げ荷集材するエンドレスタイラー式（図 10.8），3胴ウィンチによってメインライン，荷上索，引戻索を操作して上げ荷集材するタイラー式などが主に用いられる．

［岩岡正博］

10.2　架線による集材システム

10.2.1　国内外の架線系集材システム

北欧で主流の短幹集材システム（cut-to-length : CTL）を採用した車両系集材システムは，生産性・安全性の両面において空中に架設したワイヤロープで集材作業を行う架線系集材システムよりも優位であるが，傾斜が急な山岳地では架線系集材システムの利用が今なお不可欠である．

日本と地形条件が類似したオーストリアの架線系集材システムでは，重力を活用することで搬器の高速移動を実現しているため集材効率が高い．オーストリアの架線系集材システムでは多くの搬器が無線操作の係留装置を備えており，搬器の機能を高度化することで索張りを単純化しているのが特徴である．また，自走または牽引により移動可能で，集材のためのウィンチとワイヤロープを張り上げるためのタワーを装備したタワーヤーダの利用が一般的である．

タワーヤーダの索張りには，ノルウェーで主流のランニングスカイラインによるものとオーストリアで主流のスタンディングスカイラインによるもの，主索が上下するライブスカイラインによるものがあるが，世界の主流となっているのは，主索，引寄索，引戻索で構成される三線型の索張り（注：ヨーロッパでは索張りに対して固有の名称が必ずしも与えられていない）である．この索張りは上げ荷・下げ荷に対応しており，主索が固定され安定していることから搬器の横ぶれが小さくなり間伐にも適している．オーストリアの架線系集材システムの多くは，動力によって搬器から空フックを送り出す機能を有するため，荷掛手の負担が軽減され作業効率と安全性の向上にもつながっている．

一方，日本の架線系集材システムには，定置式集材機を使う方法と移動式集材機を使う方法があり，前者はアメリカのタイラー式にルーツをもつエンドレスタイラー式（図10.8）の索張りが多く，後者は油圧ショベルにウィンチを搭載したスイングヤーダによるライブスカイライン式（日本では標準的な用語が現時点では定まっておらず「スラックライン式」ともよばれている），ランニングスカイライン式（図10.6），そして搬器を使わない単線直引きが一般的である．

エンドレスタイラー式は，上げ荷・下げ荷集材ともに対応可能で，ほぼ日本固有の方法ともいえるエンドレスラインを使うことで，集材機側にはインターロック機構が不要となり，動力・クランプ・無線装置などを必要としないシンプルな搬器を使うことができる．その一方で，索張りが複雑化し架設の難易度が高いため作業員には熟練が求められ，小面積皆伐が主流となっている現代の集材現場との整合性も高くない．

図10.9　日本のスイングヤーダによる集材現場で多用される搬器

スイングヤーダで用いられる索張りは通常2胴しかない集材装置の制約を強く受けるが，主索（ライブスカイライン）および引寄索で構成されるライブスカイライン式は，上げ荷集材専用で搬器を自重で先山に送り出すため一定の傾斜があることが前提となる．この方法は索張りが単純で架設・撤去もスムーズに行えるが，そのままでは材の横取りや端上げが困難である．この問題を解決するには引寄索を動滑車に通して，その終端を搬器に取りつけて，横取り時に材を引き寄せる力を2倍にする方法（図10.5）が有力である．自伐型林業を実践しているNPO法人土佐の森・救援隊の「土佐の森方式軽架線キット」では，動滑車を使って材を引き寄せる力を3倍にしている（図10.18bの枠内）．海外では，オーストリアMAXWALD社のトラクタを使った軽架線集材システムに同様の索張りをみることができる．

図10.10　クランパーで横取り中の係留が実現しているBC-11搬器

引寄索および引戻索（ランニングスカイライン）で構成される日本のランニングスカイライン式は世界で主流のものからスラックプリング機構を省略した簡易なものである．搬器も2つの滑車を組み合わせただけの簡易なもの（図10.9）が多用されている．そのため，横取り時に引寄索を引き出すために大きな力が必要となり，引寄索の直径が大きく集材距離が長くなるにつれて，荷掛手の労働負担も大きくなる．とくに，ランニングスカイライン式の下げ荷集材では，横取り時に重力に逆らって引寄索を斜面上方に引き出す必要があるため，荷掛手の労働負担は一段と大きくなる．この状況を緩和するには，搬器を地面から浮き上がらせた状態で引寄索を引き出すことが有効であり，クランパーを備えたイワフジ工業のBC-11搬器（図10.10）などの使用が推奨される．

10.2.2　架線系集材システムの利用技術

オーストリアでは地形がほぼ真っ直ぐであるのに対して，日本の地形はしわやひだが多数みられる．林道を車で走行すると尾根と谷が次々に現れて，それを横切らなければならない状況が，日本の地形の複雑さを示している．

オーストリアのタワーヤーダは最大横取り距離までの伐区で集材を終えた後，林道上を移動して隣（あるいは近隣）の伐区で再び同様の集材作業を行う方式である．タワーヤーダは架設・撤去に要する時間が短いため，このような張り替えによる多点型集材を得意としているが，この方法はしわやひだが多い日本の山岳地形には必ずしも適合していない．

またオーストリアにおいては，タワーヤーダは比較的幅の広い林道上で作業を行うため，タワーヤーダからプロセッサへの材の引き渡しも，プロセッサによる造材作業にも支障は生じない．造材された短材はフォワーダを介さずにトラックによって直接集材現場から搬出される．オーストリアのコンビ型タワーヤーダ（図10.11）では，タワーヤーダとプロセッサが一体となっているため，林道に対して直角に引き寄せられた材の処理が最適化されている．しかも，搬器が自動運転で往復する時間内にプロセッサによる造材が完了することで，集材効率を最大化することに成功している．これらはすべて，オーストリアの山岳地に高規格の森林路網が存在することで実現されており，日本の地形条件において，このような多点型集材を効率よく行うためには，地形に応じて伐区の形状や幅を柔軟に変化させるとともに，幅の狭い作業道ではなく林業専用道クラスのより高規格な林道の存在が前提となる．日本の複雑な地形や谷筋から広がる伐区に対応するため，空フックを動力で送り出す機能を搬器にもたせることも必須となる．

日本の地形条件では，小流域単位の下げ荷集材を行うことで土場にまとまった量の材を集める一点型集材（図10.12）も有利である．この土場を公道と直結す

図10.11 コンビ型タワーヤーダ Syncrofalke

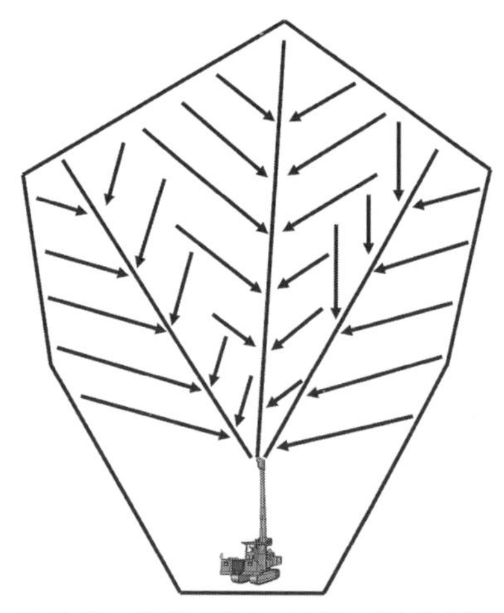

図10.12 谷筋を利用して土場に材を集中的に集める一点型集材

ることで，生産性および安全性の両面で課題の多いフォワーダ作業を省略し，フォワーダからトラックへの積み替え作業が発生することなく，大型トラックで直接材を出荷することができる．このような一点型集材のさらなる利点は，架線による集材，プロセッサによる造材，材の集積・仕分け，そしてトラックへの積み込みという一連のプロセスが広い土場でスムーズに連携して進行することであり，残材などバイオマスの収穫にも有利になる．　［吉村哲彦］

10.3　架空索の理論と設計

空中の2点（支点）間に張られた索を架空索という．架空索は自重によってたわみ，曲線をなす．林業用架線では，支点の位置関係と索の単位重量が与えられたとき，索の緊張度に応じて索および支点にかかる張力を知る必要がある．この節では架空索の状態を表現する代表的な3つの理論を概説し，具体的な架線の設計方法について述べる．

10.3.1　架空索の理論

索に用いられるワイヤロープはしなやかな構造をもつことから（10.1節），理論上は曲げ抵抗がなく軸方向の力のみを支えるものと考える．いずれの理論もこの前提のもと，2次元平面上での力の釣り合い（式9.6）から導かれる．

a.　垂曲線（カテナリー）理論

2点AB間に単位長さあたり重量 ρ（N/m［kgf/m］）の索を張る（図10.13）．索の緊張度により端点（支点）や任意の中間点にかかる張力 T は異なるが，はたらく外力は索の自重（鉛直方向）のみであるため，水平方向の分力 H は全支間にわたり一定であることが演繹される．なお垂直方向の分力を V とすると任意の点において $T=\sqrt{V^2+H^2}$ である．これらはすべての架空索理論に共通する．

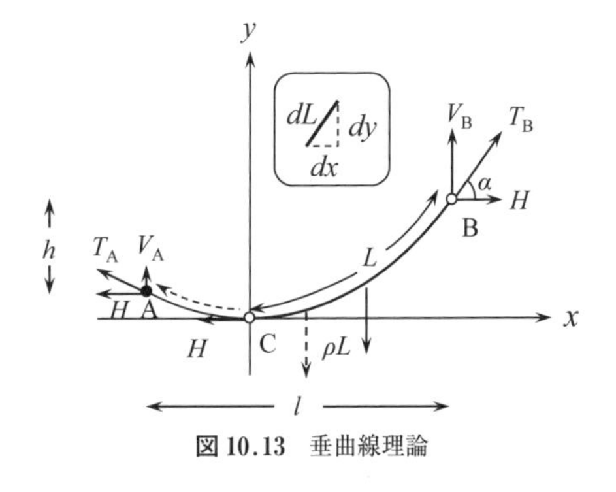

図10.13　垂曲線理論

最下点Cを原点に座標系をとると，この点では $V_C=0$ なので $T_C=H$ であ

る．C点から端点Bまでの索長をL，B点での索の傾きをα(°) とすると

$$H = T_B \cos\alpha \tag{10.1}$$

$$V_B = T_B \sin\alpha = \rho \cdot L \tag{10.2}$$

である．したがって索曲線yをxの式で表すと式 (10.3) となり，式 (10.4) が得られる．

$$\frac{dy}{dx} = \tan\alpha = \frac{L}{m} \quad \left(m = \frac{H}{\rho}\right) \tag{10.3}$$

$$\frac{dL}{dx} = \sqrt{1 + \left(\frac{dy}{dx}\right)^2} = \sqrt{1 + \left(\frac{L}{m}\right)^2} \tag{10.4}$$

mは垂曲線理論における基本パラメータ（式10.3）で，長さの次元をもつ．式 (10.4) の微分方程式の解は双曲線関数 ($\sinh x = (e^x - e^{-x})/2$，$\cosh x = (e^x + e^{-x})/2$)，$\tanh x = \sinh x / \cosh x$) となる．

$$L = m \cdot \sinh \frac{x}{m} \tag{10.5}$$

式 (10.5) を式 (10.3) に代入した微分方程式から，垂曲線yの基本式が得られる．

$$y = m \cdot \cosh \frac{x}{m} - m \tag{10.6}$$

端点が最下点でない一般の場合に拡張し，2支点AB支点間の水平および垂直距離をそれぞれ$l = x_B - x_A$，$h = y_B - y_A$とすると，LとTについて次式を得る．

$$L = \sqrt{\left(2m \cdot \sinh \frac{l}{2m}\right)^2 + h^2} \tag{10.7}$$

$$T_{A,B} = \frac{\rho}{2}\left(L\sqrt{1 + \frac{4m^2}{L^2 - h^2}} \mp h\right) \tag{10.8 a, b}$$

式 (10.8) の最右辺括弧内の$\mp$は，T_Aを求めるときは$-$に，T_Bには$+$とする．なお，図10.13のように$h>0$でなくとも（A点がB点より高くても）これらは成り立つ．

垂曲線はカテナリーともよばれ，索の弾性伸長を考慮しない（あるいは索長を弾性伸長後のものとみなす）場合には静力学的な厳密解を供する．ただし手計算で解くことはできず，数値計算によりパラメータmを定める必要がある．たとえばl，h，Lが与えられたときのTは，式 (10.7) を満たすmを探索し，得られ

た m と式（10.8）から知ることができる（l，h，T が与えられたときの L も同様）．

b.　弾性カテナリー理論

図 10.14 のように直交座標系（x，z）を定義する（z は下向きを正）．さらに A を始点とする曲線に沿ったラグランジュ座標として，弾性伸長前と後で s と p を定義する．すなわち，弾性伸長前後の索長を L_0 および L とすると B 点では $x=l$，$y=h$，$s=L_0$，$p=L$ である（A 点では $x=y=s=p=0$）．索の単位重量を a. と同じく ρ とすると，力の釣り合い式（9.6a, b）から式（10.9）および式（10.10）を得る．また索の断面積を A_0，ヤング係数を E とすると式（9.1～9.3）から式（10.11）を得る．

$$T\frac{dx}{dp}=H \tag{10.9}$$

$$T\frac{dz}{dp}=V-\rho\cdot s \tag{10.10}$$

$$T=EA_0\left(\frac{dp}{ds}-1\right) \tag{10.11}$$

$(dx/dp)^2+(dz/dp)^2=1$ なので，s の関数としての $T(s)$ は以下のようになる．

$$T(s)=\{H^2+(V-\rho\cdot s)^2\}^{1/2} \tag{10.12}$$

$dx/ds=(dx/dp)\cdot(dp/ds)$ で，dx/dp は式（10.9），dp/ds は式（10.11）から得られるので

$$\frac{dx}{ds}=\frac{H}{EA_0}+\frac{H}{\{H^2+(V-\rho\cdot s)^2\}^{1/2}} \tag{10.13}$$

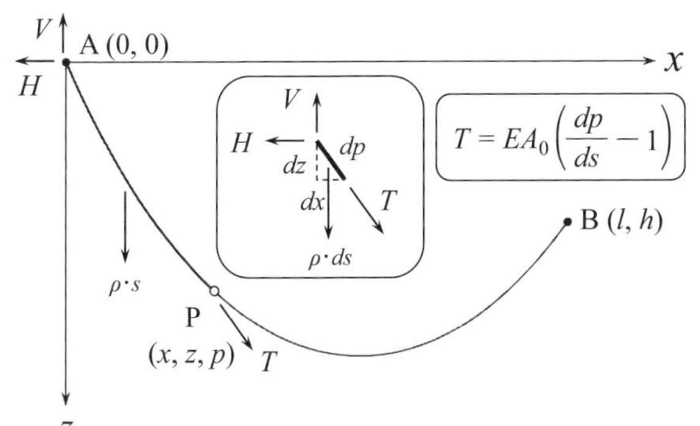

図 10.14　弾性カテナリーの座標系

この微分方程式を解いて式（10.14）を，z についても同様に式（10.15）が得られる．

$$x(s)=\frac{H\cdot s}{EA_0}+\frac{H}{\rho}\left[\sinh^{-1}\left(\frac{V}{H}\right)-\sinh^{-1}\left\{\frac{V-\rho\cdot s}{H}\right\}\right] \quad (10.14)$$

$$z(s)=\frac{s}{EA_0}\left(V-\frac{\rho\cdot s}{2}\right)+\frac{H}{\rho}\left[\left\{1+\left(\frac{V}{H}\right)^2\right\}^{1/2}-\left\{1+\left(\frac{V-\rho\cdot s}{H}\right)^2\right\}^{1/2}\right] \quad (10.15)$$

これら2式にB点の境界条件（$s=L_0$）をあてはめることで，A点において V，H，L_0 を用いて支間距離 l および h を表す以下の2式が導かれる．

$$l=\frac{H\cdot L_0}{EA_0}+\frac{H}{\rho}\left[\sinh^{-1}\left(\frac{V}{H}\right)-\sinh^{-1}\left\{\frac{V-\rho\cdot L_0}{H}\right\}\right] \quad (10.16)$$

$$h=\frac{L_0}{EA_0}\left(V-\frac{\rho\cdot L_0}{2}\right)+\frac{H}{\rho}\left[\left\{1+\left(\frac{V}{H}\right)^2\right\}^{1/2}-\left\{1+\left(\frac{V-\rho\cdot L_0}{H}\right)^2\right\}^{1/2}\right] \quad (10.17)$$

2つの未知数に対し2つの式があるため，l，h，L_0，ρ が与えられれば数値解法により V と H，さらに式（10.12）から任意点の T を算出できる．なお，弾性カテナリーの諸式において $E=\infty$ とすると垂曲線理論の式に収斂する．

c.　放物線理論

(1)　無負荷の曲線式　架線集材の現場では，実用性を重視し計算が容易な放物線理論が用いられている．索の自重を索曲線に沿うのでなく，水平支間に等分布する荷重とみなす単純化を行う点が，理論の根拠における要点である．得られるのは近似解だが，中央垂下比（後述）8%以下ならば実用上十分な精度であることが確認されている．架線のほか，主荷重が橋本体である吊り橋の設計にも用いられる．弾性伸長は考慮されないが，必要な場合には設計時に弾性伸長補正を行って対応する．

2支点A $(x,\ y)=(0,\ 0)$，B $(l,\ h)$ 間を結ぶ直線の傾斜を α(°) とし，支間中央におけるこの直線と索曲線の高低差を中央垂下量 f とする（図10.15）．垂下量を水平支間長で割り無次元化した索のたるみ具合の指標が中央垂下比 s である（$s=h/l$；100をかけて%で表す）．s は原索（中央）垂下比ともよばれる．

放物線理論の索曲線は2次式で表されるので，曲線が通過する3点が与えられれば一意に定まる．すなわち，A，Bの両支点に加え支間中央のM $(l/2,\ h/2-f)$

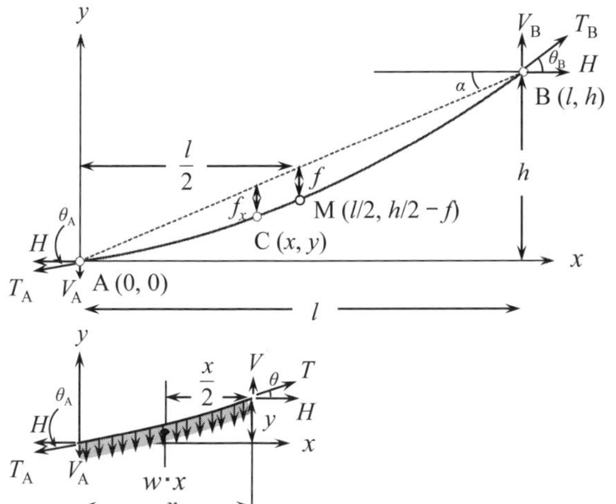

図 10.15　放物線理論の無負荷索線形（田坂, 2002, p. 133 を改変）

を通過する条件から，形を整理して以下の式が得られる．

$$y = x \cdot \tan\alpha - 4s \cdot x\left(1 - \frac{x}{l}\right) = x \cdot \tan\alpha - f_x \quad \left(\tan\alpha = \frac{h}{l}\right) \qquad (10.18)$$

式（10.18）は直線 AB（$y = x \cdot \tan\alpha$）から原索垂下量 f_x を減じた表現となっている．

$$f_x = 4f \cdot \frac{x}{l}\left(1 - \frac{x}{l}\right) = 4f \cdot k(1-k) \quad \left(k = \frac{x}{l}\right) \qquad (10.19)$$

ここで k は水平座標 x の l に対する比で，位置係数とよばれる．

式（10.18）に力の要素を導入する．まず索長を L とすると，水平支間長 l にわたる等分布荷重 w（N/m [kgf/m]）は，索の全重量 W を l で割って得られる．

$$w = \frac{W}{l} = \frac{\rho \cdot L}{l} \quad (W = \rho \cdot L) \qquad (10.20)$$

次にモーメントの釣り合い（式 9.3）を考える．索張力 T の水平分力 H は支間全体にわたり一定である．A 点での垂直分力を V_A とし，索上の任意点 C（x, y）における C より左側部分に関するモーメント M_C の釣り合いを，時計回りを正として考える（索には曲げ抵抗はないので左側だけ考えてもつねに $M_C = 0$）．

$$M_c = H \cdot y - V_A \cdot x - w\frac{x^2}{2} = 0 \qquad (10.21)$$

上の式（10.21）に B 点（x, y）=（l, h）の境界条件を代入して得られる式，および式（10.21）の2つの式から V_A を消去すると，以下の式（10.22）を得る．

$$y = x \cdot \tan\alpha - \frac{w \cdot l}{2H} \cdot x\left(1 - \frac{x}{l}\right) \tag{10.22}$$

$w \cdot l = W$ であり式（10.22）は式（10.18）と等価なので，両者の比較から

$$s = \frac{W}{8H},\quad H = \frac{W}{8s} \tag{10.23 a, b}$$

という関係を知ることができる．

任意点の索傾斜 θ は $\tan\theta$ として曲線式（10.18）を微分して得られる．

$$\tan\theta = \frac{dy}{dx} = \tan\alpha - 4s\left(1 - \frac{2x}{l}\right) \tag{10.24}$$

任意点の索張力 T は $T = H/\cos\theta$，$1/\cos\theta = \sec\theta = (1 + \tan^2\theta)^{1/2}$ から式（10.23）も用い

$$T = \frac{W}{8s}\sqrt{1 + \left\{\tan\alpha - 4s\left(1 - \frac{2x}{l}\right)\right\}^2} \tag{10.25}$$

となる．最大張力 $T_{\max}$ は上側の支点B（$x = l$）で発生する．

$$T_{\max} = T_B = \frac{W}{8s}\sqrt{1 + (\tan\alpha + 4s)^2} \tag{10.26}$$

索長 L は式（10.24）を用いて索曲線 y をAB間で線積分することで求められる．

$$L = \int_0^l \sqrt{1 + \left(\frac{dy}{dx}\right)^2}\,dx \tag{10.27}$$

dy/dx は式（10.24）で示されるが，この積分では $\delta \ll 1$ のとき成り立つ近似式

$$\sqrt{1 + (\tan\alpha \pm \delta)^2} \cong \sec\alpha + \delta \cdot \sin\alpha + \frac{1}{2}\delta^2\cos^3\alpha \tag{10.28}$$

を用いて以下のように算出される（u はAB間の直線距離）．

$$L \cong l \cdot \sec\alpha\left(1 + \frac{8}{3}s^2\cos^4\alpha\right) = u\left(1 + \frac{8}{3}s^2\cos^4\alpha\right) \quad (u = l \cdot \sec\alpha) \tag{10.29}$$

(2) 単荷重索の方程式　AB間に張られた索の間のC点（$x = k \cdot l$，k は距離計数）に集中荷重 P がかけられるとその左右で曲線型は異なる（図10.16）．AC間，CB間の任意点をそれぞれD（x，y_1），E（x，y_2）とする．式（10.21）の場合と同様に $M_D = M_E = 0$ なので

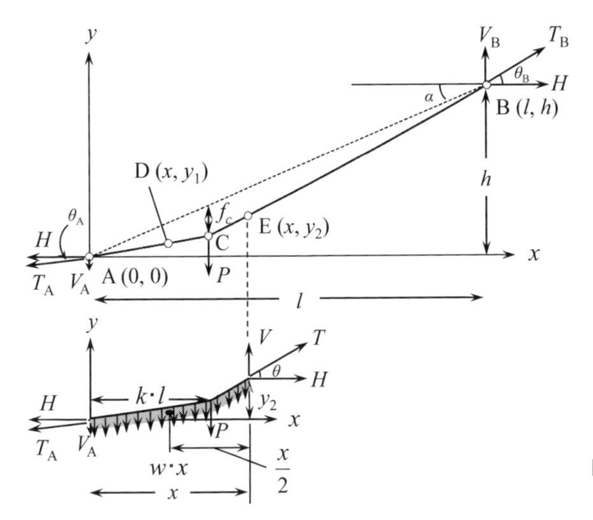

図 10.16　放物線理論の負荷索線形
（田坂, 2002, p. 135 を改変）

$$M_D = H \cdot y_1 - V_A \cdot x - w\,\frac{x^2}{2} = 0 \quad (x \leq k \cdot l) \tag{10.30}$$

$$M_E = H \cdot y_2 - V_A \cdot x - w\,\frac{x^2}{2} - P(x - k \cdot l) = 0 \quad (x \geq k \cdot l) \tag{10.31}$$

が得られる．式（10.31）に B 点の（x, y_2）＝（l, h）を代入した式を用いて式（10.30）および式（10.31）から V_A を消去すると，以下の単荷索の曲線式が求められる．

$$y_1 = x \cdot \tan\alpha - \frac{w \cdot l}{2H}\{1 + 2n(1-k)\}x + \frac{w \cdot x^2}{2H} \quad \left(n = \frac{P}{W}\right) \tag{10.32}$$

$$y_2 = x \cdot \tan\alpha - \frac{w \cdot l}{2H}(1 - 2nk)x + \frac{w \cdot x^2}{2H} - \frac{w \cdot l^2}{H}nk \tag{10.33}$$

ここで n は荷重比とよばれるパラメータで，$n = P/W$ で定義される．

索傾斜 θ_1, θ_2 は上の曲線式の微分により得られ，また索長 L_D はそれらの微分係数を用い無負荷索と同様に区間ごとに積分して合計して算出される．

$$\tan\theta_1 = \frac{dy_1}{dx} = \tan\alpha - \frac{w \cdot l}{2H}\{1 + 2n(1-k)\} + \frac{w \cdot x}{H} \tag{10.34}$$

$$\tan\theta_2 = \frac{dy_2}{dx} = \tan\alpha - \frac{w \cdot l}{2H}(1 - 2nk) + \frac{w \cdot x}{H} \tag{10.35}$$

$$L_D = u\left(1 + \frac{w^2 l^2}{24H^2}\ G^2\cos^4\alpha\right),\ \ G = \sqrt{1 + 12k(1-k)n(1+n)} \qquad (10.36\ \mathrm{a,\ b})$$

無負荷索と負荷索の索長に変化はないとすると（$L = L_D$，定索長条件），式(10.29) と式（10.36）の比較により以下のように負荷索の水平分力 H が得られる．

$$H = \frac{w \cdot l}{8s} G \qquad (10.37)$$

負荷索では水平分力が無負荷索（式 10.23）の G 倍になることがわかる．

式（10.37）を曲線式（10.32），（10.33）に代入し $x = k \cdot l$ とすると，荷重点の軌跡 y_C を表す次式が得られる（f_x は式（10.19）を，G は式（10.36b）を参照）．

$$y_C = x \cdot \tan\alpha - f_C,\ \ f_C = r \cdot f_x,\ \ r = \frac{1+2n}{G} \qquad (10.38\ \mathrm{a,\ b,\ c})$$

r（負荷索増垂係数）は $k \cdot (1-k)$ が最大となる $k = 1/2$（支間中央）で最大値をとる．

負荷索の最大張力 $T_{D_{max}}$ は荷重点が支間中央にあるとき（$k = 1/2$）に上部支点 B で発生する（$\tan\theta_2$，$x = l$）．すなわち $k = 1/2$ のときの G を G_m とすると

$$\tan\theta_B = \tan\alpha + 4s\frac{1+n}{G_m} \qquad (10.39)$$

$$G_m = \sqrt{1 + 3n(1+n)} \qquad (10.40)$$

$$T_{D_{max}} = H\sec\theta_B = \frac{W\,G_m}{8s}\sqrt{1 + \left(\tan\alpha + 4s\frac{1+n}{G_m}\right)^2} \qquad (10.41)$$

を得る．ここで垂下比等値係数 Z_1 と最大張力係数 ϕ_1 をそれぞれ式（10.42），(10.43）のように定めると，式（10.41）は式（10.44）のように簡素に表現できる．

$$Z_1 = \frac{1+n}{G_m} \qquad (10.42)$$

$$\phi_1 = \frac{\sqrt{1 + (\tan\alpha + 4sZ_1)^2}}{8sZ_1} \qquad (10.43)$$

$$T_{D_{max}} = (W+P) \cdot \phi_1 \qquad (10.44)$$

$W+P$ は総荷重であり，$1+n = (W+P)/W$ の関係がある．

垂曲線理論や弾性カテナリー理論を用いて単荷重索のように複数の曲線形をも

つ索張り区間の力学的問題を解く場合には，索要素を連結し，連結点での境界条件を与えて連立した式を同時に満たすように数値計算を行う．この方法は支間に中間支持器を備える場合にも適用できる．

10.3.2　架空索の設計手順

a.　集材架線設計の手順

架線の設計では，現地調査と図上設計を併用し，集材区域と既設路網の確認および地形や林況を把握して適切な索張り方式と規模を決定する．予備調査の段階では，GIS（地理情報システム）による検討も便利かつ有効である．

必要であれば作業道の追加開設も検討し，路網との兼ね合いで荷降ろし土場の規模と位置を定め，先柱と元柱の位置（l，h，α が決まる）および集材機の設置位置を決める．次に集材線に沿った地形の縦断面図を作成する．設計予定垂下比（s）を想定し，既存の立木などを想定して支柱を設定し無負荷線形（式 10.18）を作図して地面や立木に対し十分な余裕高があるかを確認する．さらに，主索の設計（b.），荷重点軌跡の作図（c.），作業索の設計（d.）を行う．

b.　主索張力の計算方法

(1)　負荷重量の算出　　搬器重量 P_C（荷掛け滑車，重錘，フックを含めた合計）と載荷重量 P_L の合計に，衝撃（動的変動を静荷重の増加に換算）を考慮した係数を乗じ，これに作業索の重量 W' を加えたものを主索に加わる搬器荷重 P とする．

$$P=(P_C+P_L)\cdot(1+I)+W' \tag{10.45}$$

I は衝撃係数で 0.2 ～ 0.3 が用いられるが，索の弾性伸長や支点変位の補正（索張力は低くなる）を行わない場合，算出索張力は実際より高くなる（安全側の見積りとなる）ので，I を 0 とみなしてよいとされている．W' は搬器が支間中央にある時の作業索重量の 1/2 をあてる．エンドレスタイラー式の場合，エンドレス索と荷上げ索が 2 本あるので，無負荷主索長 1 本分（この索長には L でなく u を用いてよい）となる（$W'=\rho'\cdot u$，ρ' は作業索の単位重量，表 10.1）．

(2)　主索径，垂下比の選定　　架設事例などを参考に主索径（D，m）と原索中央垂下比 s を決定する．それぞれの概略値は，いずれかが決定されているものとし以下の式で算出できる．

表 10.1 ワイヤロープの規格表（抜粋）

公称径	破断荷重（B）				参考単位質量*	参考断面積
	めっき・G種		裸・A種			
[mm]	[kN]	[tf]	[kN]	[tf]	[kg/m]	[mm^2]
構造：6×7（主索用）						
18	171	17.4	193	19.7	1.20	133
20	211	21.5	238	24.3	1.48	164
22	256	26.1	288	29.4	1.80	199
24	304	31.0	343	35.0	2.14	237
26	357	36.4	402	41.0	2.51	278
28	414	42.2	466	47.6	2.91	322
構造：6×19（作業索用）						
8	32.1	3.28	34.6	3.53	0.233	25.1
9	40.7	4.15	43.8	4.47	0.295	31.8
10	50.2	5.12	54.0	5.51	0.364	39.3
12	72.3	7.38	77.8	7.94	0.524	56.5
14	98.4	10.0	106	10.8	0.713	76.7

有効数字3桁で代表的な構造・径を抜粋して示した．
＊：計算では重量に換算（[kgf/m]あるいは重力加速度 9.81[m/秒^2]を乗じて[N/m]に）して ρとする．

$$D=\sqrt{\frac{P}{K_s-0.0019L}} \tag{10.46}$$

$$s=\frac{P/D^2+0.0019L}{K} \tag{10.47}$$

ただし上式で搬器荷重 P の単位は kgf，主索長 L の単位は m である．係数 K は安全係数 N（後述）2.7，3.0，4.0 に対しそれぞれ 90，87，61 とする．s は機械集材装置では 0.02 ～ 0.06 を用いることが多い（0.03 ～ 0.05 が望ましい）．

(3) 主索最大張力と安全率の算出　仮決定された s から主索長 L を（式 10.29），仮決定された D の単位重量 ρ（表 10.1）から主索重量 W（$=\rho\cdot L$）と荷重比 $n(=P/W)$を算出する．次に，式（10.40）から $G_{\rm m}$，式（10.42）から垂下比等値係数 Z_1，式（10.43）から最大張力係数 ϕ_1 を順次求め，負荷状態の主索最大張力 $T_{\rm D_{max}}$ を式（10.44）により導く．これから主索の安全係数 N（安全率ともいう）を，以下の式により求める．

$$N = \frac{B}{T_{D_{max}}} \tag{10.48}$$

ここで B はワイヤロープの規格表（表 10.1）から得られる主索の破断強度である（tf と kgf，kN など $T_{D_{max}}$ と単位を一致させることに注意）．N の基準値は新品のワイヤロープで 2.7，使用限界に近い場合 4.0 程度である．この値未満のときには，弾性伸長補正計算を行うか，索径 D を大きいものにする，垂下比 s を大きくするなどして基準値を超えるまで再計算する必要がある．

2 本の架線を平行に架設し荷掛け滑車を連結して平面的な集材を可能にしているH型架線では，専用の設計方法はなく，それぞれの架線をここに示した通常の架線の方法で設計する．そして，実搬送時に 2 組の荷上げ索がなす上側の内角が 120° 以下になるよう（この範囲ではそれぞれの主索にかかる P は P_L 以下となる）運用面で制御することにより，安全性を確保している．

(4) 弾性伸長補正計算　負荷による主索の伸び（弾性伸長）を考慮しないと安全係数は過少となる．負荷索と無負荷索の最大張力差 T_C（式 10.49，T_{max} は式 (10.26) から得られる）から索の伸長率 ε（式 10.50，無次元）を推定して弾性伸長補正を行う．

$$T_C = T_{D_{max}} - T_{max} \tag{10.49}$$

$$\varepsilon = \frac{T_C}{EA_0} \tag{10.50}$$

式 (10.50) の E はヤング係数（100 kN/mm^2 [10 tf/mm^2]），A_0 はロープ断面積（6×7，ラングでは ≒ D^2/2.5 mm^2）である．ε から垂下比補正係数 ε_e を，さらに補正垂下比 s_C を求め，これを用いて最大張力 $T_{D_{max}}$ と安全係数 N を再計算する．

$$\varepsilon_e = \frac{1}{2}\left\{1 + \sqrt{1 + \left(1 + \frac{3}{8s^2\cos^4\alpha}\right)\varepsilon}\right\} \tag{10.51}$$

$$s_C = s \cdot \varepsilon_e \tag{10.52}$$

c. 負荷索線形の作図

最終的に決定した垂下比 s（弾性伸長補正を行った場合の負荷索については s_C）を用い，位置係数 k を 0.05 刻みとし（必要に応じ 0.02，0.98 などを追加），無負荷索曲線（式 10.18）および荷重点軌跡（式 10.38）を縦断面図に描く（図 10.17）．弾性伸長補正を行わない場合実際の垂下量はより大きくなるため，地表

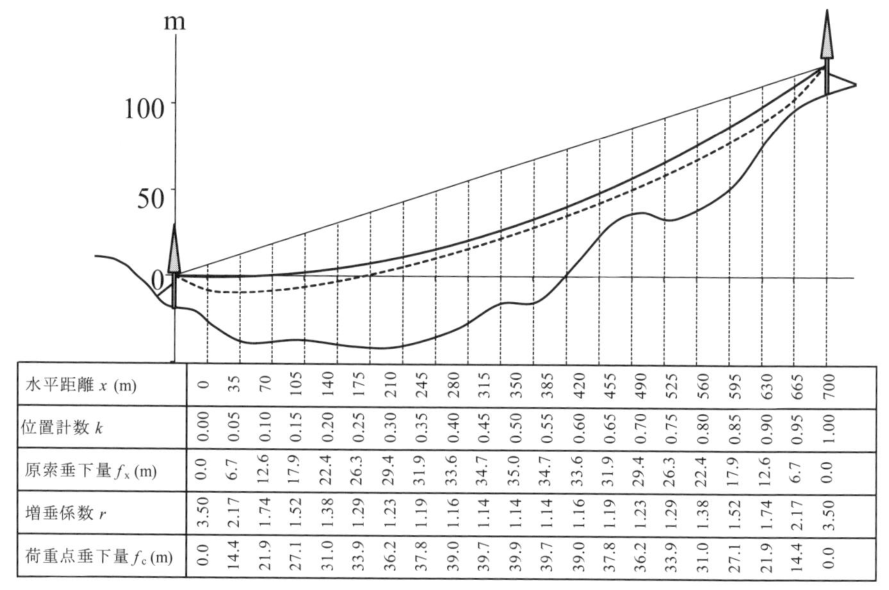

水平距離 x (m)	0	35	70	105	140	175	210	245	280	315	350	385	420	455	490	525	560	595	630	665	700
位置計数 k	0.00	0.05	0.10	0.15	0.20	0.25	0.30	0.35	0.40	0.45	0.50	0.55	0.60	0.65	0.70	0.75	0.80	0.85	0.90	0.95	1.00
原索垂下量 f_x (m)	0.0	6.7	12.6	17.9	22.4	26.3	29.4	31.9	33.6	34.7	35.0	34.7	33.6	31.9	29.4	26.3	22.4	17.9	12.6	6.7	0.0
増垂係数 r	3.50	2.17	1.74	1.52	1.38	1.29	1.23	1.19	1.16	1.14	1.14	1.14	1.16	1.19	1.23	1.29	1.38	1.52	1.74	2.17	3.50
荷重点垂下量 f_c (m)	0.0	14.4	21.9	27.1	31.0	33.9	36.2	37.8	39.0	39.7	39.9	39.7	39.0	37.8	36.2	33.9	31.0	27.1	21.9	14.4	0.0

図 10.17 縦断面図

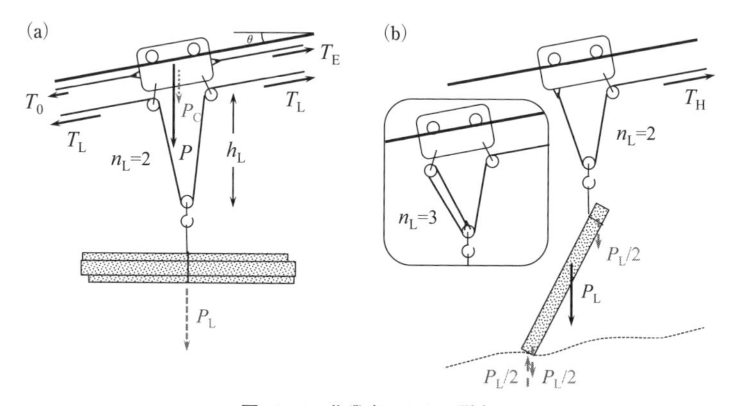

図 10.18 作業索にかかる張力

面や立木との間の余裕が十分かを慎重に検討し，必要に応じて設計を修正する．

d. 作業索の張力計算方法

エンドレスタイラー式におけるエンドレス索にかかる張力 T_E は，搬器荷重 P の主索下方向に沿う分力 T_P とエンドレス索の基礎張力 T_0 の和となる（図 10.18a）．

$$T_P = P \cdot \sin\theta \tag{10.53}$$

$$T_E = T_P + T_0 \tag{10.54}$$

θは索傾斜で搬器位置により変化するが，支間傾斜α（式 10.18）で代用し余裕をみてT_Pを 1.4 割程度とする簡便法もある．T_0はエンドレス索の垂下比として推奨されている主索の垂下比の 1.2 ～ 1.3 倍とし，エンドレス索の単位重量ρ'を用いて無負荷索の最大張力T_{max}を式（10.26）により計算すると得られる．

荷上索にかかる張力T_Lは，積載荷重P_L（式 10.45 の場合と異なり材重に荷掛け滑車と重錘などの重量も加える）を荷上索の折り返し回数n_L（図 10.18a の場合$n_L=2$，図 10.18b の囲みのような方式では$n_L=3$）で割った値に索自重（単位重量ρ_Lと最大巻き上げ揚程h_Lの積）を加えたものとなる．

$$T_L = \frac{P_L}{n_L} + \rho_L \cdot h_L \tag{10.55}$$

図 10.18b のような簡易架線で使われる索張りにおける引寄索（図 10.5 のメインライン）にかかる張力は，式（10.53）のT_Pと式（10.55）のT_Lを加えたものとなる．

$$T_H = T_P + T_L \tag{10.56}$$

ただし搬器に荷上索を留めるなどの機構がある場合，T_Lは発生しないが，P_Lを搬器が受け持つことになるので式（10.53）のPにP_Lを加算する．

作業索の安全係数N（式 10.48）は，荷上索・荷吊り索で 6.0，エンドレス索含めてその他は 4.0 とされている．破断荷重Bは規格表（表 10.1）による．

法令により林業架線作業主任者の選任が定められている「集材作業装置」の定義には「空中において運搬する設備」とあることから，材を完全に持ち上げない半懸架状態で集材する軽架線などはこれにあたらないとされている．その力学的根拠は，図 10.18b のように材の一端が一部でも接地していると，材の太さが均一ならばモーメントの釣り合いから計算上は材重P_Lは接地している地面と荷上索が半分ずつ受け持つことになる（搬器にかかる荷重が半減する）ことによる．ただし地表面の凹凸や摩擦などの抵抗，また急な地面の落ち込みにより突然宙吊り状態になることもあるため，設計計算が不要なランニングスカイラインや軽架線においても，過張力には十分注意して作業を行う必要がある．

e.　主索張力の検定方法

架設後に垂下比や索張力が設計どおりかを確認する．垂下比は，支点付近の索傾斜θを測定し式（10.24）で$x=0$またはl（A，B 点）として得られる．

$$s_{A,B} = \pm(\tan\alpha - \tan\theta_{A,B})/4 \tag{10.57}$$

索張力は張力計により直接計測できるが，振動波法からも算出できる．無負荷索の一端に近いところを木づちや棒で強くたたくと振動波が発生し，支点間を往復する（索を掴むことで体感できる）．振動波の速度 v（m/秒）は振動波の往復時間 t（秒）から，索張力 T（N）は平均値として式（10.59）で得られる．

$$v = \frac{2L}{t} \cong \frac{2u}{t} \tag{10.58}$$

$$T = \frac{\rho}{g} \cdot v^2 \tag{10.59}$$

式（10.59）において g は重力加速度定数（9.81 m/秒^2）である．　［鈴木保志］

演習問題

（1）10.3.1 項 c. で示されている以下の式を導きなさい．

i）無負荷索の曲線式（10.18）を，図 10.15 の A，M，B の 3 点を通過する条件から導きなさい．

ii）単荷重索の曲線式（10.32）および（10.33）を，式（10.30）および（10.31）から導きなさい．

（2）以下の条件におけるエンドレスタイラー式架線の架設設計を行いなさい．

i）支間水平距離 l=700（m），支間傾斜角 α=10（°），無負荷索の垂下比 s =0.05 とし，無負荷索の軌跡を作図しなさい．

ii）主索を 6×7，A 種 22 mm のワイヤロープとし，無負荷時の最大索張力を算出しなさい．

iii）作業索を 6×19，G 種 12 mm のワイヤロープとし，載荷重量 P_L=850（kgf）（8.34［kN］），搬器重量 P_C=100（kgf）（0.98［kN］），衝撃係数 I=0.3 とした場合の負荷索の軌跡を作図し，安全係数 N を算出しなさい．

付録　林　道　規　程

（細則は割愛）

第1章　総　　則

（目的）

第1条　この規程は，林道の管理及び構造に関する基本的事項を定め，森林の適正な整備及び保全を図る上で必要な林道の整備を図ることを目的とする．

（適用の範囲）

第2条　この規程は，民有林国庫補助林道及び国有林林道に適用する．

（用語の定義）

第3条　この規程における用語の定義は，次の各号に定めるところによる．

(1)「新設」とは，自動車道を新たに開設することをいう．作業道等の既存の道型の全線又は一部を利用して平面線形，縦断線形あるいは横断形の調整や路盤工等の自動車道に必要とする施設等の構築を行って自動車道とすることも含まれる．

(2)「改築」とは，既存の自動車道を上位の種類又は級別の区分の自動車道とするため，全線について設計車両の変更，車道幅員の拡幅等を行うことをいう．

(3)「改良」とは，既存の自動車道の級別の区分を変更せず，全線又は局部において曲線半径や曲線部拡幅量の変更，橋梁の永久構造化又は橋種の変更，路側擁壁等の設置，路肩の拡幅，法面勾配の修正，林業作業用施設の設置又は拡張等を行うことをいう．

(4)「幹線」とは，林道の自動車道によって形成する路網の根幹をなす自動車道をいう．「幹線」は，森林の適正な整備及び利用並びに保全を行うことを目的として国道・都道府県道等（以下「公道等」という．）を広域に連絡，又は公道等から分岐して複数の支線を配するなどにより，地域の森林において林道によって形成する路網の根幹となる役割を担う．

(5)「支線」とは，林道の自動車道によって形成する路網において幹線から分岐する自動車道をいう．「支線」は，幹線から分岐して分線を配するなどにより，地域の森林において林道の自動車道によって形成する路網の中核として幹線を補完する役割や幹線と幹線あるいは幹線と公道等を連絡するなど，幹線に準じた役割も担う．

(6)「分線」とは，林道の自動車道によって形成する路網において支線から分岐する自動車道をいう．「分線」は，主として地域の森林における林道の自動車道による路網の末端部で森林作業道が形成する路網の中核としての役割や支線と支線等を連絡するなど，支線を補完する役割を担う．

(7)「附帯施設」とは，林道の通行上及び構造上の機能保持のため設けられる防雪施設その他の防護施設，交通安全施設，標識，林業作業用施設等をいう．

(8)「設計車両」とは，林道の設計の基礎とする自動車をいう．

(9)「設計速度」とは，設計車両の速度をいう．

(10)「車線」とは，一縦列の自動車を安全かつ円滑に通行させるために設けられる帯状の車道の部分をいう．

(11)「車道」とは，もっぱら車両の通行の用に供することを目的とする道路の部分をいう．

(12)「路肩」とは，道路の主要構造部を保護し，車道の効用を保つために，車道に接続して設けられる帯状の道路の部分をいう．

(13)「保護路肩」とは，舗装構造及び路体を保護し，又は交通安全施設，標識等を設けるために盛土の路肩に接続して設けられる帯状の道路の部分をいう．

(14)「車道の曲線部」とは，車道の屈曲部のうち緩和区間を除いた部分をいう.
(15)「緩和区間」とは，車両の走行を円滑ならしめるために車道の屈曲部に設ける一定の区間をいう.
(16)「視距」とは，車道（車線の数を2とするものにあっては車線. 以下，この号において同じ.）の中心線上1.2メートルの高さから当該車道の中心線上にある10センチメートルのものの頂点を見とおすことができる距離を当該車道の中心線に沿って測った長さをいう.
(17)「交通荷重」とは，路面や路床等に加わる通行車両の重量，衝撃等の荷重をいう.
(18)「合成勾配」とは，縦断勾配と片勾配又は横断勾配を合成した勾配をいう.

(林道の種類及び区分)

第4条　林道の種類は，次による.
(1)　自動車道
(2)　軽車道
(3)　単線軌道
2　前項各号の林道には必要な附帯施設を含むものとする.
3　自動車道の種類は，次のように区分する.
(1)　第1種自動車道は，設計車両をセミトレーラとするもの
(2)　第2種自動車道は，設計車両を普通自動車，小型自動車とするもの
4　自動車道の級別の区分は，次のとおりとする.
(1)　自動車道1級は，車道幅員を4.0メートル以上とするもの
(2)　自動車道2級は，車道幅員を3.0メートルとするもの
(3)　自動車道3級は，車道幅員を2.0メートルとするもの
5　軽車道は，全幅員2.0メートル以上3.0メートル未満のもので軽自動車の通行できるものをいう.
6　単線軌道とは，地表近くの空中に架設する軌条（複数の軌条を有するものを含む）及び軌条上を走行する車両並びにこれに必要な施設をいう.

第2章　管　　　理

(林道の管理者)

第5条　林道の管理者は，国有林林道にあっては森林管理署長，支署長又は森林管理局が直轄で管理経営する区域に係るものにあっては森林管理局長，民有林林道にあっては地方公共団体，森林組合等の長とする.

(管理の義務)

第6条　林道の管理者は，その管理する林道について管理方法を定め，通行の安全を図るように努めなければならない.

(林道台帳の整備)

第7条　林道の管理者は，別に定める林道台帳を整備し，これに林道の種類，構造，資産区分等を記載し，林道の現況を明らかにしなければならない.

(車両の通行に関する措置)

第8条　自動車道の管理者は，交通の安全を確保するため必要な場合には，法令に定める手続に従って，次の措置をとるものとする.
(1)　車両の通行の禁止又は制限
(2)　乗車又は積載の制限
(3)　速度の制限
(4)　その他構造の保全又は通行の危険防止のため必要な事項

第3章　自動車道の構造

（設計車両）

第9条　自動車道の設計に当たっては，次の表の自動車道の種類及び級別の区分に応じ同表の設計車両の欄に掲げる自動車が，安全かつ円滑に通行することができるようにするものとする．

種類	級別の区分	設計車両
第1種	1級及び2級	セミトレーラ
第2種	1級及び2級	普通自動車
	3級	小型自動車

2　設計車両の種類ごとの諸元は，それぞれ次の表に掲げる値とする．

諸元（メートル）／設計車両	長さ	幅	高さ	前端オーバハング	軸距			後端オーバハング	最小回転半径
						セミトレーラ			
						前軸距	後軸距		
小型自動車	4.7	1.7	2	0.8	2.7	–	–	1.2	6
普通自動車	12	2.5	3.8	1.5	6.5	–	–	4	12
セミトレーラ	16.5	2.5	3.8	1.3	–	4	9	2.2	12

この表において，次の各号に掲げる用語の意義は，それぞれ当該各号に定めるところによる．

1　前端オーバハング

車体の前面から前輪の車軸の中心までの距離をいう．

2　軸距

小型自動車及び普通自動車の前輪の車軸の中心から後輪の車軸の中心までの距離をいう．

セミトレーラは車体前面からトレーラ前車軸の中心までの距離を前軸距，トレーラ前車軸の中心からトレーラ後車軸の中央までの距離を後軸距という．

3　後端オーバハング

後輪の車軸の中心から車体の後面までの距離をいう．

（幅員）

第10条　車線及び車道の幅員は，次の表の自動車道の種類及び級別の区分に応じ，同表の車線の幅員の欄及び車道幅員の欄に掲げる値とする．

種類	級別の区分		車線の幅員（メートル）	車道幅員（メートル）
第1種及び第2種	1級	2車線のもの	2.75	–
		1車線のもの	–	4.0
	2級		–	3.0
第2種	3級		–	2.0

（設計速度）

第11条　設計速度は，次の表の自動車道の種類及び級別の区分に応じ，当該自動車道に求める幹線，支線又は分線の役割により同表の設計速度欄に掲げる値とする．

ただし，第1種又は第2種の1級2車線であって幹線とする自動車道について，地形の状況その他の理由により必要な場合には，同表の設計速度欄の（）内に掲げる値とすることができるものとする．

種類	級別の区分		設計速度（キロメートル／時間）	
			幹線	支線・分線
第1種及び第2種	1級	2車線のもの	40又は30（20）	－
		1車線のもの	40，30又は20	30又は20
	2級		30又は20	20又は15
第2種	3級		20	20又は15

2　支線又は分線とする自動車道のうち，公道等と連絡するなど，当該自動車道に求める役割が幹線に準じるものの設計速度は，幹線とする自動車道の設計速度に準じることができるものとする．

なお，「支線又は分線とする自動車道のうち幹線に準じるもの」とは，林道の自動車道によって形成する路網のうち，支線又は分線を公道等と連絡させることにより地域における一般者の利用が生じることが想定されるもの，あるいは各流域への突込み線形であるが，複数の分線を配して当該流域における林道の自動車道による路網形成の基幹とするものをいう（以下同じ.）.

（路肩）

第12条　路肩の幅員は，自動車道の級別の区分に応じ，次の表の路肩幅員の欄の左欄に掲げる値とする．

ただし，トンネル及び長さ50メートル以上の橋若しくは高架の自動車道に係るものである場合又は地形の状況その他の理由により路肩の幅員の縮小が必要な場合の下限値は，同表の右欄に掲げる値とする．

級別の区分		路肩幅員（メートル）	
1級	2車線のもの	0.75	0.50
	1車線のもの	0.50	0.30
2級		0.50	0.30
3級		0.50	0.30

2　路肩の幅員は，地形の状況その他の理由により必要な場合には拡幅することができる．

3　保護路肩の幅員は，0.5メートル以下で必要最小限度とする．

（建築限界）

第13条　建築限界は，次に示すところによるものとする．

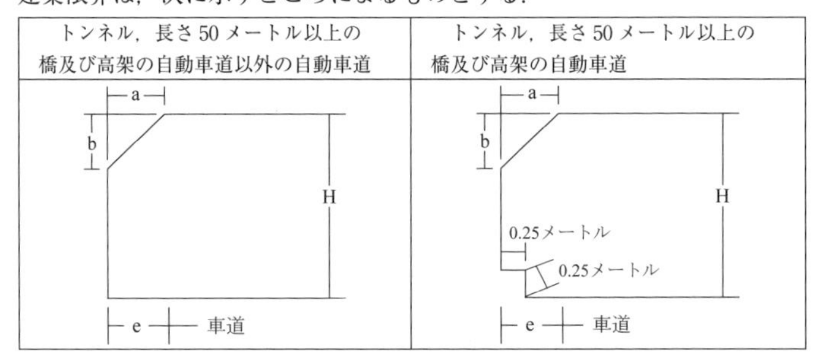

この図においてH，a，b，及びeは，それぞれ次の値をあらわすものとする．
H＝4.5メートル，ただし，地形の状況その他の理由により必要な場合には4.0メートルまで，自動車道3級については3.0メートルまで縮小することができる．
a ⎫
  ⎬ 路肩幅員
e ⎭
b ＝ H−3.8メートル，ただし，自動車道3級については，
H−2.3メートルとすることができる．

（車道の屈曲部）

第14条 車道の屈曲部は曲線形とするものとする．

ただし，緩和区間については，この限りでない．

（曲線半径）

第15条 車道の曲線部の中心線の曲線半径（以下「曲線半径」という．）は，自動車道の級別の区分ごとの設計速度に応じ，次の表の曲線半径の欄の各区分欄の左欄に掲げる値以上とする．

ただし，地形の状況その他の理由により必要な場合には，交通安全施設等を設置して，同表の曲線半径の欄の各区分欄の右欄に掲げる値まで縮小することができるものとする．

設計速度（キロメートル／時間）＼区分	曲線半径（メートル）							
	1級				2級		3級	
	2車線のもの		1車線のもの					
40	60	50	60	40	−	−	−	−
30	30	25	30	20	30	20	−	−
20	20	−	15	−	15	12	15	6
15	−	−	−	−	12	−	12	6

（曲線部の片勾配）

第16条 車道及び車道に接続する路肩の曲線部には，当該自動車道の設計速度，曲線半径，地形の状況等を勘案し，8パーセント以下の片勾配を附するものとする．

2 前項の規定にかかわらず，拡幅を伴わない曲線半径である場合又は側溝等を設けない場合は，片勾配を附さないことができる．

（曲線部の拡幅）

第17条 車道の曲線部においては，次の表の自動車道の種類及び級別の区分並びに当該曲線部の曲線半径に応じ，同表の拡幅量の欄に掲げる値により車道及び車線を拡幅するものとする．

種類	級別の区分		曲線半径（メートル）	拡幅量（メートル）	
				内側	外側
第1種	1級	2車線のもの	以上　未満	（1車線あたり）	
			20 ～ 22	2.00	−
			22 ～ 25	1.75	−
			25 ～ 28	1.50	−
			28 ～ 32	1.25	−
			32 ～ 37	1.00	−
			37 ～ 43	0.75	−
			43 ～ 55	0.50	−
			55 ～ 73	0.25	−
		1車線のもの	以上　未満		
			15 ～ 16	2.75	−
			16 ～ 17	2.50	−
			17 ～ 19	2.25	−
			19 ～ 20	2.00	−
			20 ～ 22	1.75	−
			22 ～ 25	1.50	−
			25 ～ 28	1.25	−
			28 ～ 32	1.00	−
			32 ～ 37	0.75	−
			37 ～ 43	0.50	−
			43 ～ 55	0.25	−
	2級		以上　未満		
			12 ～ 13	4.75	1.00
			13 ～ 15	4.25	1.00
			15 ～ 16	3.75	−
			16 ～ 17	3.50	−
			17 ～ 19	3.25	−
			19 ～ 20	3.00	−
			20 ～ 22	2.75	−
			22 ～ 25	2.50	−
			25 ～ 28	2.25	−
			28 ～ 32	2.00	−
			32 ～ 37	1.75	−
			37 ～ 43	1.50	−
			43 ～ 55	1.25	−
			55 ～ 73	1.00	−
			73 ～ 110	0.75	−
			110 ～ 219	0.50	−
			219 ～ 390	0.25	−

第2種	1級	2車線のもの	以上　未満	(1車線あたり)	
			20 ～ 24	1.50	−
			24 ～ 29	1.25	−
			29 ～ 39	1.00	−
			39 ～ 52	0.75	−
			52 ～ 82	0.50	−
			82 ～ 130	0.25	−
		1車線のもの	以上　未満		
			15 ～ 16	0.75	−
			16 ～ 19	0.50	−
			19 ～ 25	0.25	−
	2級		以上　未満		
			12 ～ 13	2.25	−
			13 ～ 15	2.00	−
			15 ～ 16	1.75	−
			16 ～ 19	1.50	−
			19 ～ 25	1.25	−
			25 ～ 30	1.00	−
			30 ～ 35	0.75	−
			35 ～ 45	0.50	−
			45 ～ 50	0.25	−
	3級		以上　未満		
			6 ～ 9	1.00	−
			9 ～ 13	0.75	−
			13 ～ 25	0.50	−
			25 ～ 50	0.25	−

（緩和区間）

第18条　車道の屈曲部には，緩和区間を設けるものとする．
　ただし，地形の状況その他の理由により必要な場合には，この限りでない．

2　車道の曲線部において片勾配を附し，又は拡幅をする場合には，緩和区間においてすりつけるものとする．

3　第1種1級2車線の自動車道及び第2種1級2車線の自動車道の緩和区間長は，次の表の左欄に掲げる設計速度ごとに応じ，同表の右欄に掲げる値を標準とする．

設計速度（キロメートル／時間）	緩和区間長（メートル）
40	35
30	25
20	20

4　自動車道の緩和線形は，基点を円曲線B.C，E.Cとして直線方向に延伸する緩和接線によることができるものとし，それぞれの緩和区間長は次を標準とする．

(1)　第1種自動車道1級1車線であるものは，23メートル

(2)　第1種自動車道2級の自動車道で外側拡幅が規定されていないものは，23メートル，外側拡幅が規定されているものは，外側拡幅部分について8メートル

(3)　第2種自動車道1級1車線及び第2種自動車道2級であるものは，8メートル

(4)　第2種自動車道3級であるものは，4メートル

（視距）

第19条　視距は，次の表の左欄に掲げる自動車道の設計速度に応じ，同表の視距の欄の左欄に掲げる値以上とするものとする．

ただし，地形の状況その他の理由により必要な場合には交通安全施設等を設置して，同表の視距の欄の右欄に掲げる値以上とすることができるものとする．

設計速度（キロメートル／時間）	視距（メートル）	
40	40	−
30	30	15
20	20	15
15	15	−

2　第1種1級2車線の自動車道及び第2種1級2車線の自動車道は，必要に応じ自動車が追越しを行うのに十分な見通しの確保された区間を設けるものとする．

（縦断勾配）

第20条　幹線とする自動車道の縦断勾配は，次の表の設計速度に応じ，同表の縦断勾配の欄の各区分欄の左欄に掲げる値以下とする．

ただし，地形の状況その他の理由により必要な場合には，交通安全施設等を設置して，同表の縦断勾配の欄の各区分欄の右欄に掲げる値以下とすることができるものとする．

設計速度（キロメートル／時間）＼区分	縦断勾配（パーセント）							
	1級				2級		3級	
	2車線のもの		1車線のもの					
40	7	10	7	10	−	−	−	−
30	9	12	9	12	9	12	−	−
20	9	12	9	(14) 12	9	(14) 12	9	(14) 12

2　支線又は分線とする自動車道の縦断勾配は，次の表の設計速度に応じ，同表の縦断勾配の欄の各区分欄の左欄に掲げる値以下とする．

ただし，地形の状況その他の理由により必要な場合には，交通安全施設等を設置して，同表の縦断勾配の欄の各区分欄の右欄に掲げる値以下とすることができるものとする．

設計速度（キロメートル／時間）＼区分	縦断勾配（パーセント）					
	1級		2級		3級	
	1車線のもの					
30	7	12	−	−	−	−
20	7	(14) 12	7	(14) 12	7	(14) 12
15	−	−	7	(14) 12	7	(14) 12

3　支線又は分線とする自動車道のうち，公道等に連絡するなど，当該自動車道に求める役割が幹線に準じるものの縦断勾配は，第1項に定める幹線とする自動車道の縦断勾配によることができるものとする．

4　自動車道の種類が第2種である場合の縦断勾配の例外値は，延長100メートル以内に限り第1項及び第2項の縦断勾配の各区分欄に掲げる（）書きの値以下を適用することができるものとする．

（縦断曲線）

第21条　縦断勾配が変移する箇所には，縦断曲線を設けるものとする．

2　縦断曲線の半径は，当該自動車道の設計速度に応じ，次の表の右欄に掲げる値以上とするものとする.

設計速度（キロメートル／時間）	縦断曲線の半径（メートル）
40	450
30	250
20 及び 15	100

3　縦断曲線の長さは，当該自動車道の設計速度に応じ，次の表の右欄に掲げる値以上とするものとする.

設計速度（キロメートル／時間）	縦断曲線の長さ（メートル）
40	40
30	30
20 及び 15	20

（路面）

第 22 条　路面は，幹線とする自動車道にあってはアスファルト若しくはコンクリート等による舗装又は砂利，支線又は分線とする自動車道にあっては砂利とすることを基本とする.

2　支線又は分線とする自動車道のうち，公道等に連絡するなど，当該自動車道に求める役割が幹線に準じるものは，路面をアスファルト又はコンクリート等による舗装とすることができるものとする.

3　路面は，アスファルト若しくはコンクリート等による舗装又は砂利の別に関わらず，交通荷重に対応する支持力を有するとともに，通行車両の円滑かつ安全な走行を確保するため，表面は均一で平滑に仕上げるものとする.

4　路面を砂利とする場合の構造は，「路盤工」とする.

5　路面を砂利とする場合は，縦断勾配等に応じて路面侵食の防止や通行車両の走行の安全性を向上させることができる構造とするものとする.

（横断勾配）

第 23 条　車道及び車道に接続する路肩には，曲線部の片勾配を附する区間を除き，路面の種類に応じ，次の表の右欄に掲げる値の範囲で横断勾配を附するものとする.

路面の種類	横断勾配（パーセント）
砂利	0
アスファルト舗装及びコンクリート舗装等	1.5 以上 2.0 以下

2　前項の規定にかかわらず，路面が砂利であって側溝を設ける必要がある場合は，路面に 5 パーセント以内の横断勾配を附するものとする.

（合成勾配）

第 24 条　合成勾配は，12 パーセント以下とするものとする.

　ただし，地形の状況その他の理由により必要な場合には，次の表の右欄に掲げる値以下とすることができるものとする.

級別の区分		合成勾配（パーセント）	
		幹線	支線・分線
1 級	2 車線のもの	12	−
	1 車線のもの	14	14
2 級		14	14
3 級		14	14

（鉄道等の平面交差）

第 25 条　自動車道が鉄道又は軌道法（大正 10 年法律第 76 号）による新設軌道（以下「鉄道

等」という．）と同一平面で交差する場合には，その交差する自動車道は次に定める構造とするものとする．

(1) 交差角は45度以上とすること．

(2) 踏切道の両側から30メートルまでの区間は，踏切道を含めて直線とし，その区間の縦断勾配は2.5パーセント以下とすること．

ただし，自動車の交通量がきわめて少ない場合又は地形の状況やその他の理由により必要な場合には，この限りでない．

(3) 見通し区間の長さ（線路の最縁端軌道の中心線と自動車道の中心線との交点から，軌道の外方自動車道の中心線上5メートルの地点における1.2メートルの高さにおいて見通すことができる軌道の中心線上当該交差点からの長さをいう．）は，踏切道における鉄道等の車両の最高速度に応じ，次の表の右欄に掲げる値以上とすること．

ただし，踏切遮断機，その他の保安設備が設置される場合又は自動車の交通量及び鉄道等の運転回数がきわめて少ない場合には，この限りでない．

踏切道における鉄道等の車両の最高速度（キロメートル／時間）		見通し区間の長さ（メートル）
50未満		110
50以上	70未満	160
70 〃	80 〃	200
80 〃	90 〃	230
90 〃	100 〃	260
100 〃	110 〃	300
110以上		350

（自動車道の取付け）

第26条 自動車道の他の道路との取付けは，原則として，左右に通行できるよう行うものとする．

（排水施設）

第27条 自動車道には，当該路線設置箇所の地形及び水系等の条件やそれぞれの地域の降雨強度等に基づく雨水流出量，流下水の洪水流あるいは土砂流出等の態様等の条件に応じた横断排水施設，横断排水施設の呑口及び吐口の保護工，路面排水や側溝等の排水施設を適切に設置し，地表水，地下水，流入水等による路体やのり面の決壊あるいは崩壊，路面侵食等の発生を防止しなければならない．

2 排水施設の種類や構造は，洪水流等で流下する渓流水，路外から流入する地表水や地下水，路面流下水等の状況に応じ，適切な材料及び型式，通水断面等であるものを選定しなければならない．

3 のり面及び路面の排水施設や側溝等の設置位置は，路外から流入する地表水や地下水の位置及び流入形態，路面の状況，排水箇所の地形や地盤の状況等に応じ，確実な集水及び導水並びに排水が行える箇所あるいは区間を適切に選定しなければならない．

4 積雪地方及び凍上のおそれのある箇所については，特に十分な排水設備を設けなければならない．

（橋，高架の自動車道等）

第28条 橋，高架の自動車道その他これに類する構造の自動車道の設計に用いる設計車両の荷重は，当該自動車道の種類及び級別の区分に応じ，次の表の右欄に掲げる値とする．

種類	級別の区分		設計車両の荷重（kN）
第1種	1級	2車線のもの	245 kN　A活荷重
		1車線のもの	
	2級		
第2種	1級	2車線のもの	245 kN　A活荷重
		1車線のもの	245 kN　A活荷重又は137 kN
	2級		
	3級		137 kN又は88 kN

（待避所及び車廻し）

第29条　待避所は，自動車道の種類及び級別の区分に応じ，次の規格により設けるものとする．

種類	級別の区分	間隔（メートル）	車道幅員（メートル）	有効長（メートル）
第1種	1級	300以内	6.0以上	23以上
	2級	500以内	6.0以上	23以上

種類	級別の区分	間隔（メートル）	車道幅員（メートル）	有効長（メートル）
第2種	1級	300以内	5.5以上	20以上
	2級	500以内	5.5以上	20以上
	3級	500以内	4.0以上	10以上

2　車廻しは，自動車道の種類及び級別の区分に応じた設計車両を勘案し，適切な規格で設けるものとする．

3　車廻しの自動車道への設置位置は，地形や地質の条件，待避所や林業作業用施設の配置状況を踏まえ，適切に配置する．

（防雪施設その他の防護施設）

第30条　なだれ，吹きだまり等により交通に支障を及ぼすおそれのある場合には柵工，階段工，雪覆工等の施設を設けるものとする．

2　前項に定めるもののほか，落石，崩落，波浪等により交通に支障を及ぼし，又は自動車道に損傷を与えるおそれのある場合には，さく，擁壁その他適当な防護施設を設けるものとする．

（交通安全施設）

第31条　交通事故の防止を図るため必要がある場合には，防護柵，道路反射鏡その他これらに類する交通安全施設を設けるものとする．

（標識）

第32条　自動車道の起点及び終点には，標識を設置してその区間を示すものとする．

2　交通の安全と円滑な通行を図るため必要に応じ，警戒・規制又は指示標識を設けるものとする．

（林業作業用施設）

第33条　森林の適正な整備及び保全を円滑に実施するとともに，通行車両の安全かつ円滑な通行を確保するため，自動車道には必要な箇所に林業作業用施設を設置しなければならないものとする．

2　林業作業用施設は森林施業用と防火用に区分し，それぞれ次の種類とする．

(1)　森林施業用

①　作業場所

② 土場
③ 森林作業道の取付口
(2) 防火用
① 防火水槽
② 貯水池
③ 防火林帯
④ ヘリポート
⑤ 消防自動車の設置場所等

3　森林施業用のうち作業場所や土場は，森林作業道と自動車道，自動車道と自動車道に該当しない林道，林道と他の自動車道が連絡する箇所付近に設置することを基本とする．

なお，土場には，上記の箇所に設置するもののほか，複数の林道を通じて出材される木材を多量に集積することを目的に，公道等沿線に整備する中間土場を含むものとする．

4　森林施業用のうち作業場所，土場及び森林作業道の取付口は，支持力や縦断勾配等の状況から，必要に応じてコンクリート等の舗装や擁壁等の構造物を設置するものとする．

5　防火用は，防火林道整備事業（平成4年4月9日付け4林野基第241号林野庁長官通知）により開設された防火林道等において，森林レクレーション等での森林への人の入込状況，森林と人家等の位置関係，過去の山火事の発生状況，近年の山火事の発生頻度及び延焼規模，地形及び水系の状況等を勘案し，必要に応じて設置するものとする．

6　林業作業用施設は，その機能・性能を十分に発揮させるため，待避所及び車廻しとの兼用や森林施業用及び防火用の兼用は行わないものとする．

また，林業作業用施設と残土処理場は，設置目的，作設方法及び強度等が異なることから，これを明確に区分して取り扱うものとする．

第4章　雑　　則

第34条　この規程により難い事由がある場合には，林野庁長官の承認を受けて，この規程によらないことができる．

2　現に存する自動車道の構造でこの規程に適合しない部分については，これを改良又は改築する場合のほか，この規程は適用しない．

3　大規模林業圏開発事業により整備された自動車道及び単線軌道に係る構造等については，別に定めるところによる．

附　則

この規程は，令和2年4月1日からこれを適用する．

演習問題解答

第1章

林道：地域インフラの役割ももつ幹線，原則として不特定多数の者，一般車および林業用車両，安全施設を完備する恒久的公共施設.

林業専用道：幹線・支線の機能を補完する準幹線，主として森林施業を行う者，大型林業用車両，必要最小限の規格・構造を有する恒久的公共施設.

森林作業道：支線，森林所有者や林業事業体など森林施業特定を行う特定の者，主として林業機械（2 t 積程度の小型トラックを含む），経済性を確保しつつ繰り返しの使用に耐えうる丈夫で簡易な構造とすることがとくに求められる.

第2章

(1) $d=\dfrac{10000}{2S_{\max}}\times 1.5=\dfrac{10000}{2\times 30}\times 1.5=250\ \mathrm{m/ha}$

(2) 最適林道間隔 $i=\sqrt{\dfrac{4r}{k'v}}=\sqrt{\dfrac{4\times 10000}{20\times 0.05}}=200\ \mathrm{m}$

林道開設費 $K_r=\dfrac{r}{iv}=\dfrac{10000}{200\times 0.05}=1000$ 円/m^3

集材費 $K_s=k'\dfrac{i}{4}=20\times\dfrac{200}{4}=1000$ 円/m^3

合計費用 $K=K_r+K_s=1000+1000=2000$ 円/m^3

(3) 最適林道密度

$$d=50\sqrt{\frac{xv(1+\eta)(1+\eta')}{r}}=50\sqrt{\frac{7\times 440(1+0.6)(1+0.5)}{61000}}=17\ \mathrm{m/ha}$$

歩行費用を含めた最適林道密度

$$d=50\sqrt{\frac{xv(1+\eta)(1+\eta')}{r}+\frac{kC_wN_w(1+\eta)}{500rS_w}}$$

$$=50\sqrt{\frac{7\cdot 440(1+0.6)(1+0.5)}{61000}+\frac{3\cdot 2000\cdot 480(1+0.6)}{500\cdot 61000\cdot 2}}=22\ \mathrm{m/ha}$$

第3章

(1) 林道規程においては，道路幅員の違いにより「自動車道1級」「自動車道2級」「自動車道 3 級」が区分されている．自動車道 1 級は車道幅員 4.0 m 以上の道路，自動車道 2 級は車道幅員が 3.0 m である道路，自動車道 3 級は車道幅員が 2.0 m の道路である．

(2) 第 1 種自動車道をはじめとする「種」による自動車道の区分は設計車両の差による区分である．第 1 種自動車道はセミトレーラを設計車両としており，第 2 種自動車道は普通自動車を設計車両としている．一方，自動車道 1 級は前問のとおり車道幅員が 4.0 m 以上である道路である．すなわち，「種」と「級」の違いは設計車両による区分と車道幅員による区分の違いである．

(3) 林道の「全幅員」には，車道幅員あるいは有効幅員と，路肩幅員が含まれる．車道幅員はもっぱら車両の通行に供される部分である車道の幅員であり，路肩幅員は車道を支える形で両側にある部分である路肩の幅員である．

(4) 式（3.2）に $R=20$，$f=0.5$，$i=0$ を代入して，変形すると $V^2=1270$ となる．よって，$V \fallingdotseq 35.6$ となり，35.6（km/ 時）が横滑りせず走行できる最高速度となる．

(5) 設計速度 30 km/ 時であるから，林道規程 21 条の定めにより縦断曲線の半径 $R=250$（m），縦断曲線の長さ $l=30$（m）である．ここで，縦断曲線の開始点における計画高 $h_0=0$（m）とすると，式（3.9）および式（3.11）を用いて，

$$h_x = 0 + \frac{5}{100}x - \frac{10}{(200 \times 30)}x^2 = \frac{1}{20}x - \frac{1}{600}x^2$$

となる．したがって，5 m おきの計画高は表 1 のとおりとなる．

表 1

縦断曲線開始点からの水平距離（m）	計画高（m）
0	0.000
5	0.208
10	0.333
15	0.375
20	0.333
25	0.208
30	0.000

(6) 縦断曲線は勾配の遷移する点における車の衝撃を緩和し，また前方の見通しを確保するために設置される．

第 4 章

(1) 交角 $\theta = 100° - (200°30' - 180°) = 79°30'$ となるので，

$T.L.=20.79$ m，$S.L.=7.52$ m，$C.L.=34.69$ m，$\alpha=13°58'49''$，$S=12.08$ m

(2) $x=11.72$ m，$y=2.92$ m

(3) アとオ．アは $100/0.90 \fallingdotseq 111$ m^3，オは $100/0.90\times1.20 \fallingdotseq 133$ m^3 でイと同じである．

第5章

必要な地山の土量＝ $1000\div0.85 \fallingdotseq 1176$ m^3，ほぐした土量＝$1176\times1.20 \fallingdotseq 1411$ m^3.

第6章

(1) 式 (6.1) より，$w=\dfrac{(m-m_s)}{m_s}\times100 \quad \therefore m_s=\dfrac{m}{1+w/100}$

$$\rho_d=\frac{m_s}{V}=\frac{\rho_t}{1+w/100}\fallingdotseq 1.33\ (\mathrm{g/cm^3})$$

(2) 式 (6.4)，(6.2)，(6.5)，(6.1) および $\rho_w=\dfrac{m_w}{V_w}$ を用いて，

$$S_r=\frac{V_w}{V_s}\times100\times e^{-1}=\frac{m_w}{\rho_w}\cdot\frac{\rho_s}{m_s}\cdot100\cdot e^{-1}=\frac{w\rho_s}{e\rho_w}=65.0\ (\%)$$

(3) 右下方，高く，低く，なだらかに広がった．

第7章

(1) i）$TC=x+\dfrac{500000Y}{x}=\dfrac{x^2+500000Y}{x}$

ii）TC を最小とする x を m とすると，$1-\dfrac{500000}{m^2}=0$

よって $x \fallingdotseq 707$ (円/m)，$TC \fallingdotseq 1414$ (円/m)

iii）TC を最小とする x を m とすると，$1-\dfrac{5000000}{m^2}=0$

よって $x \fallingdotseq 2236$ (円/m)，$TC \fallingdotseq 4472$ (円/m)

(2) ①危険箇所を避ける，②法面高を低くする，③転圧を十分に行う，④適切に排水を行う，⑤現地で調達できる資材を利用する．

第8章

計画流量 Q は合理式より

$$Q=\frac{1}{360}\times0.7\times50\times10 \fallingdotseq 0.972\ (\mathrm{m^3/秒})$$

施設内最大流量 $Q_{\max}$ は通水断面積 a と平均流速 V から

$$a=0.6\times0.4=0.24\ \mathrm{m^2}$$

$$V=\frac{1}{0.013}\times 0.171^{2/3}\times 0.03^{1/2}\fallingdotseq 4.11\ (\text{m/秒})$$

$$Q_{max}=0.24\times 4.11\fallingdotseq 0.986\ (\text{m}^3/\text{秒})$$

なお，径深 R は通水断面積 a と潤辺長 S から求められる．

$$S=0.4\times 2+0.6=1.4\ (\text{m})$$

$$R=0.24/1.4\fallingdotseq 0.171\ (\text{m})$$

施設内最大流量 Q_{max}＞計画流量 Q となるので，この施設で排水可能である．

第 9 章

(1) 省略.

(2) i) 2 級林道の路肩を含む全幅員に左右の地覆（幅 0.25 m）を加えた全幅員は 4.50 m で，これが床版の支間となる．表 9.6 から RC 床版の厚さは 29 cm だが 5 cm 単位で切上げ 30 cm とする．地覆の高さ（0.25 m）も考慮しコンクリート床版の断面は 1.515 m^2 となり，材料別の単位重量（表 9.4）を用いて路盤・舗装含む床版全体の死荷重 42.48（kN/m）が得られる．

ii) 一例を示す．フランジ厚 t_f をフランジ幅 b_f の 1/12 として 45（mm）とすると，フランジ幅 b_f の純間隔は 855（mm）となるので腹板厚 t_w はその 1/110 を目安に 10（mm）とする．けた 1 本の断面積 3150（mm^2），死荷重 4.12（kN/m），断面 2 次モーメント $I=9.64\times 10^{-3}$（m^4）となる．L 荷重の諸数値は表 9.5 から $L\leqq 8$（m）に対応するものを用い（$p_2=3.5$（kN/m^2）），活荷重に乗ずる衝撃荷重 i は式（9.38）から 0.323 となる．応力照査では，死荷重と活荷重（L 荷重）のうち路面全体にかかる p_1 の合計 w_1，路面の一部にかかる活荷重 p_2 に衝撃係数を考慮したもの w_2 に分けて考え，重ね合わせの原理を用い，また簡易法として全荷重の半分を 1 本のけたが受け持つものとみなして計算する．まず圧縮・引張応力について，曲げモーメント M（けた 1 本あたり）が最大値をとる条件として w_2 が支間中央にある場合で求めると 1058（kN/m）で，最大応力 $\sigma_{c.max}=\sigma_{t.max}=51.8$（N/mm^2）となり鋼板の許容応力度 $\sigma_a=125$（N/mm^2）以下である（表 9.2）．せん断力については，w_2 がもっとも支点寄りの条件で求めるとせん断力 S（けた 1 本あたり）の最大値は 384.3（kN），最大せん断力 $\tau_{max}=44.9$（N/mm^2）で，鋼板の許容せん断応力度（表 9.2）$\tau_a=80$（N/mm^2）以下である．たわみ量は，w_1，w_2 にそれぞれによる 6.4，0.7（mm）を重ね合わせの原理により合計し $\delta_{max}=7.1$（mm）である．これは許容値 7.2（mm）（表 9.7，$10<L\leqq 40$（m）の場合）を下回るので，この I げたの寸法は照査条件を満たしているといえる．

第 10 章

(1) i) x についての 2 次式の一般形 $y=ax^2+bx+c$（未知の係数は a, b, c の 3 つ）に A

点（x, y）=（0, 0）を代入し $c=0$ を得る．$y=ax^2+bx$ に M 点（x, y）=（$l/2, h/2-l\cdot s$）と B 点（x, y）=（l, h）を代入して得られる 2 つの式を a と b について解き，式の形を整理すると式（10.18）を得る．

ii）式（10.31）に B 点（x, y）=（l, h）を代入した式から，$h/l=\tan\alpha$ に注意して $V_A=H\tan\alpha-(w\cdot l)/2-P(1-k)$ を得る．これを式（10.30）および式（10.31）に代入して整理することにより，荷重比 $n=P/W$ も用いて単荷重索の曲線式（10.32）および（10.33）を得る．

(2) i）軌跡図（図 9.17 の実線）は式（10.18）から描くことができる．

ii）表 10.1 から主索の $\rho=0.524$（kgf/m）（5.14［N/m］）である．主索長 L は式（10.29）から 715.4（m），式（10.20）から $W=1288$（kgf）（12.6［kN］）となり，式（10.26）から $T_B=3440$（kgf）（33.8［kN］）と算出される．

iii）表 10.1 から作業索の $\rho'=1.80$（kgf/m）（17.7［N/m］），長さに L を用いると $W'=375$（kgf）（3.68［kN］）で，式（10.45）から $P=1610$（kgf）（15.8［kN］）となる．荷重比 $n=1.25$ と式（10.40）から G_m を算出し，式（10.41）により $T_{D_{max}}=9764$（kgf）（95.8［kN］），表 10.1 から主索の破断荷重 $B=288$（tf）（29.4［kN］）なので式（10.48）から安全係数 $N=3.01$ となる．軌跡図は式（10.38）から図 9.17 の破線のように描かれる．弾性伸長補正を行うと，$s_C=0.065$ から補正した $T_{D_{max}}=7711$（kgf）（75.6［kN］），$N=3.81$ となる．

文　献

第 1 章

宇江敏勝（1987）本と人間の宇宙 2 青春を川に浮かべて，福音館書店.
上飯坂　實（1988）新林業土木学（上飯坂　實ほか著），pp. 1-4，朝倉書店.
酒井秀夫（1987）東京大学農学部演習林報告，**76**，1-85.
酒井秀夫（2020）森林利用学（吉岡拓如ほか著），pp. 17-32，丸善出版.
澤口勇雄（2006）機械化林業，**630**，33-39.
森林利用学会（2017）伐木・集運材の歴史.
http://jfes.jp/mechanization-history.html（2020 年 5 月 25 日参照）
日本林道協会（2019）民有林森林整備事業の概要，日本林道協会.
吉岡拓如（2020）森林利用学（吉岡拓如ほか著），pp. 1-16，丸善出版.
林野庁（2012）平成 23 年度森林・林業白書全文.
https://www.rinya.maff.go.jp/j/kikaku/hakusyo/23hakusyo/190411_5.html（2020 年 6 月 10 日参照）
林野庁（2010）路網・作業システム検討委員会 最終とりまとめ.
http://www.rinya.maff.go.jp/j/seibi/saisei/pdf/romousaisyuu.pdf（2020 年 8 月 3 日参照）
林野庁（2020）今後の路網整備のあり方検討会.
https://www.rinya.maff.go.jp/j/seibi/sagyoudo/kentokai.html（2020 年 6 月 10 日参照）
Yoshioka, T. *et al.*（2014）*Studies in Human Sciences*, **11**, 86-98.

第 2 章

小林洋司（1997）森林基盤整備計画論，日本林道協会.
小林洋司（2002）森林土木学（小林洋司ほか著），pp. 4-9，朝倉書店.
南方　康・秋谷孝一監（2005）森林土木ハンドブック，林業土木コンサルタンツ.
林野庁（2010）路網・作業システム検討委員会 最終とりまとめ.
https://www.rinya.maff.go.jp/j/seibi/saisei/pdf/romousaisyuu.pdf（2020 年 11 月 12 日参照）
林野庁（2015）路網整備水準の考え方について.
https://www.rinya.maff.go.jp/j/rinsei/singikai/pdf/15093013.pdf（2020 年 11 月 12 日参照）

第 3 章

小林洋司（2002）森林土木学（小林洋司ほか著），pp. 10-22，朝倉書店.
東京農工大学農学部『森林・林業実務必携』編集委員会（2007）森林・林業実務必携，朝倉書店.
日本林道協会（2011）林道規程―運用と解説―(23 年版)，日本林道協会.
吉岡拓如ほか（2020）森林利用学，丸善出版.

第4章

小林洋司（1988）新林業土木学（上飯坂　實ほか著），pp. 5-42，朝倉書店．
小林洋司（2002）森林土木学（小林洋司ほか著），pp. 23-37，朝倉書店．
夏目　正（1969）実践林業大学 20 林道設計，農林出版．
日本道路協会（1974）クロソイドポケットブック 改訂版．

第5章

小野耕平（2002）森林土木学（小林洋司ほか著），pp. 38-54，朝倉書店．
コマツ社，ホイールローダー WA30-6E0 カタログ．
住友建機（2017）タイヤローラ HN220WHH-5 カタログ．
山本　誠（1988）新林業土木学（上飯坂　實ほか著），pp. 66-98，朝倉書店．

第6章

地盤工学会（1999）地盤工学ハンドブック．
地盤工学会（2009）地盤材料試験の方法と解説．
地盤工学会（2010）土質試験 基本と手引き 第二回改定版．
冨田武満ほか（2003）最新土質力学（第2版），朝倉書店．
中尾博美（1988a）新林業土木学（上飯坂　實ほか著），pp. 43-65，朝倉書店．
中尾博美（1988b）新林業土木学（上飯坂　實ほか著），pp. 109-124，朝倉書店．
日本道路協会（2009）道路土工要綱（平成21年度版）．
畠山直隆ほか（1992）最新土質力学，朝倉書店．

第7章

大橋慶三郎（2011）作業道 路網計画とルート選定，全国林業改良普及協会．
大橋慶三郎・神崎康一（1990）急傾斜地の路網マニュアル，全国林業改良普及協会．
掛谷亮太ほか（2016）日本緑化工学会誌，**42**，299-307．
苅住　昇（1957）林業試験場研究報告，**94**，1-20．
神崎康一（1973）日本林學會誌，**55**，144-148．
小林洋司（1983）宇都宮大学農学部学術報告特輯，**38**，1-101．
酒井徹朗（1982）京都大学農学部演習林報告，**54**，172-177．
酒井徹朗（1983）京都大学農学部演習林報告，**55**，222-229．
林野庁（2010）森林作業道作設指針．
Saito, M. *et al.*（2008）*J. For. Plann.*, **13**, 147-156.
Yoshimura, T.（1997）Development of an expert system planning a forest road based on the risk assessment.

第8章

岩川　治（1988）新林業土木学（上飯坂　實ほか著），pp. 99-108，朝倉書店．
峰松浩彦（1995）森林弘済会調査研究報告書，**4**，405-435．
峰松浩彦（2002）森林土木学（小林洋司ほか著），pp. 77-78，朝倉書店．

第9章

鈴木保志（2002）森林土木学（小林洋司ほか著），pp. 87-121，朝倉書店．
林川俊郎（2017）改訂新版 橋梁工学，朝倉書店．

第 10 章

神崎康一（1973）日本林学会誌，**55**，173-178.
酒井秀夫（2002）森林土木学（小林洋司ほか著），pp. 122-130，朝倉書店.
田坂聡明（2002）森林土木学（小林洋司ほか著），pp. 130-143，朝倉書店.
村山茂明・堀　高夫（1988）新林業土木学（上飯坂　實ほか著），pp. 149-179，朝倉書店.
林業・木材製造業労働災害防止協会（2016）林業架線作業主任者テキスト.
Irvine, M. (1992) *Cable Structures*, Dover Publications.

付　録

林野庁（2020）林道規程及び林道規程の運用細則.
https://www.rinya.maff.go.jp/j/seibi/sagyoudo/attach/pdf/romousuisin-11.pdf

索　　引

欧数字

ア　行

カ　行

サ　行

タ　行

ナ　行

ハ　行

マ　行

ヤ　行

ラ　行

ワ　行

編集者略歴

鈴木保志（すずき やすし）

1965年　静岡県に生まれる
1989年　京都大学大学院農学研究科修士課程修了
現　在　高知大学農林海洋科学部教授
　　　　博士（農学）

森林土木学 第2版　　定価はカバーに表示

2002年9月10日　初　版第1刷
2019年5月25日　　　　第11刷
2021年4月5日　第2版第1刷

編集者　鈴　木　保　志
発行者　朝　倉　誠　造
発行所　株式会社　朝　倉　書　店
東京都新宿区新小川町6-29
郵便番号　162-8707
電　話　03(3260)0141
FAX　03(3260)0180
http://www.asakura.co.jp

〈検印省略〉

新日本印刷・渡辺製本

ISBN 978-4-254-47058-1　C 3061　　Printed in Japan